负载型
金属催化剂
制备及应用

李兴发　著

化学工业出版社

·北京·

内容简介

本书分负载型金属催化剂的介绍、制备及应用三大部分，共 12 章，主要介绍了负载型金属催化剂的起源、特点及作用机理；负载型金属催化剂的制备，包括载体的选择、制备方法的选择及制备方法的创新等；分别讨论了负载型金属催化剂在化工生产和环境保护方面的应用，提供了制备高效、经济且易分离催化剂的理论依据和应用案例。其中，在应用部分以催化反应体系中现存问题为切入点，以负载型催化剂为支撑，研究并论证了载体类型、金属相态、载体与金属之间的相互作用、制备方法等因素如何影响催化反应中体系的催化效率、氧化剂利用率、催化剂重复利用性能以及反应的安全性；最后讨论了负载型金属催化剂的失活、再生及替代等内容。

本书具有较强的技术应用性和针对性，可供从事负载型金属催化剂研究、制备及应用领域的工程技术人员、科研人员和管理人员参考，也可供高等学校环境科学与工程、化学工程、材料科学与工程及相关专业师生参阅。

图书在版编目（CIP）数据

负载型金属催化剂制备及应用 / 李兴发著. —北京：
化学工业出版社，2021.8（2022.7 重印）
ISBN 978-7-122-39252-7

Ⅰ.①负… Ⅱ.①李… Ⅲ.①金属催化剂-制备-研究 Ⅳ.①TQ426.81

中国版本图书馆 CIP 数据核字（2021）第 103291 号

责任编辑：卢萌萌 刘兴春 装帧设计：王晓宇
责任校对：杜杏然

出版发行：化学工业出版社（北京市东城区青年湖南街 13 号 邮政编码 100011）
印 装：涿州市般润文化传播有限公司
710mm×1000mm 1/16 印张 13¾ 字数 214 千字 2022 年 7 月北京第 1 版第 3 次印刷

购书咨询：010-64518888 售后服务：010-64518899
网 址：http://www.cip.com.cn
凡购买本书，如有缺损质量问题，本社销售中心负责调换。

定 价：98.00 元 版权所有 违者必究

前言

催化剂的用途非常广泛，从化工行业精细化学品的生产到环境领域废水的深度处理都有负载型金属催化剂的影子，尤其是在化工、制药、能源和环保等行业。由此可见，催化科学技术对国民经济的发展和绿水青山的保护起到了至关重要的作用，具有广阔的发展前景。各种各样的反应在负载型金属催化剂作用下进行，例如氢化、脱氢、重整反应、石油烃裂化等。在环保领域，芬顿氧化、臭氧催化氧化、光催化乃至新兴的过硫酸盐氧化等高级氧化技术无一不依赖负载型金属催化剂以减少金属负载量、增强可回收性、提高氧化剂利用率及改善催化剂环境适用性等。

然而，由于载体的开放性、金属的多样性以及载体与金属相互作用构筑的三维构型，使得负载型金属催化剂从微观结构到宏观性质发生了千变万化，增加了其复杂性。鉴于负载型金属催化剂在众多领域的重要作用，阐明这些变化之中本质的特点，利用这些规律设计、制备满足工业化生产以及环境友好的催化剂具有重要意义。本书深入浅出地介绍了负载型金属催化剂作用原理、常用的载体及催化剂制备方法，讨论了负载型金属催化剂在化工生产和污染控制方面的应用，提供了部分应用案例，同时对负载型金属催化剂的失活、再生及替代等内容也有所提及，对于从事环境保护、材料制备以及化工设计等领域的技术人员、科研工作者，以及相关专业的师生具有一定的参考价值。

本书共 12 章，分为负载型金属催化剂的介绍、制备及应用三大部分。本书由李兴发著，另外，化学工业出版社的编辑对本书的编写和出版提出了许多建设性意见，在此表示衷心感谢。

由于催化剂理论的研究及应用处在不断发展的阶段，加之著者学识有限，书中难免有不当和疏漏之处，敬请广大读者批评指正。

著者

2021 年 3 月

目录

CONTENTS

第1章

负载型金属催化剂概述

1.1 负载型金属催化剂的起源

在利用化学反应进行生产时，由于存在活化能，常常需要解决化学反应速率的提高问题。催化剂的作用是提高反应速率和控制反应方向最有效的办法。催化剂是一种加速化学反应而在其过程中自身不被消耗掉的物质，分为均相催化剂和多相催化剂。许多种类的物质可用来作催化剂，包括金属、金属氧化物、有机金属络合物、酶等。金属催化剂是多相催化剂的一大门类，过渡金属、稀土金属及许多其他金属都可以作催化剂。金属催化剂已被广泛用于甲烷重整、费托合成、氢释放反应、氧还原反应、CO 氧化和 VOCs 去除等领域。固体金属状态的催化剂可以是单组分金属，也可以是多组分合金。

金属催化剂的催化活性与金属颗粒的大小，形状和分散性密切相关。为了获得高性能的金属催化剂并满足原子经济性的要求，通常将金属活性物质负载在各种载体上。通过载体使用，金属颗粒的尺寸可以减小到纳米颗粒，最后减小到单个原子。随着金属颗粒尺寸的减小，金属物种将有更多的不饱和配位点。而且，用于活性中心的金属，特别是贵金属，通常非常昂贵，通过负载金属活性物质可以大大降低金属催化剂的成本。因此，使用载体控制纳米颗粒的合成以及防止纳米颗粒聚集成为制备负载型金属催化剂的重要优势。

随着纳米技术不断发展，纳米尺度下的催化剂材料表现出非常出色的催化活性，但由于金属纳米颗粒极其容易发生氧化、烧结、团聚，因此研究者们开发出负载型金属催化剂，可以有效防止纳米金属颗粒的上述问题。另外，由于活性组分的金属粒子或金属氧化物和载体之间的相互作用对催化剂的催化性能有显著的影响，因此负载型金属催化剂获得越来越广泛的研究和应用。

1.2 负载型金属催化剂的特点

负载型金属催化剂通常由载体和金属或金属化合物构成，载体由其骨架和配位基团组成，负载型金属催化剂也相应有负载型金属化合物催化剂、负载型单金属络合物催化剂、负载型金属簇络合物催化剂、负载型双金属络合物催化剂。负载型金属催化剂基本上兼具无机物非均相催化剂与金属有机配合物均相催化剂的优点，它不但具有较高的活性和选择性、腐蚀性小，而且容易回收重复利用，且稳定性好。对于负载型金属催化剂，每个过渡金属原子都是活性中心，催化剂活性非常高，可以到达上亿倍。

1.3 负载型金属催化剂的作用机理

负载型催化剂包括活性组分和载体两部分，其中起催化作用的主要是其上的金属活性组分。催化剂的电子理论认为金属催化剂的活性主要由金属的 d 轨道的百分比决定，价键理论认为金属原子以杂化键的方式相结合。催化剂的几何理论认为金属的催化性能与金属的晶体结构紧密相关，金属晶体暴露在表面上，原子排列规则，且有一定的间距。吸附物在这样的表面上吸附，用于成键的轨道与金属原子的相应轨道形成化学吸附键时，成键的强度受到金属原子的空间排布的影响。在多相催化中，多个原子或离子完成对反应物的活化，也就是说活性中心是由多个活性原子与离子组成，而这种多位体具有一定的空间构型，当和反应物的分子构型相互形成某一对应关系时就能够加快催化反应的速率。而催化剂的能量对应理论认为反应物分子中起作用的有关原子和化学键应与催化剂多位体有种能量上的对应，才能更加有效地加速反应的进行。

载体的主要作用包括作为骨架使其支撑整个催化剂的结构、使表面的活性组分呈现高度均匀、分散的状态。活性组分通过金属的形态和价态的改变以及多金属之间的协同作用促进催化效率。由于大部分载体的表面都不是惰性的，在金属粒子和载体表面或多或少地存在着相互作用，即金属-载体相互作用，当金属粒度变小时这种现象将更为明显。这种作用的结果将改变金属粒子在载体表面的分散状况和电子性质，从而引起催化性能的变化。金属与载体之间的相互作用发生在相界间的电子作用，与载体的定域电子和自由电子相关。这两类金属-载体间的相互作用，不仅与载体的本质有关，也与金属在载体表面的分散度有关。当金属为块状覆盖于载体上时，载体中的自由电子起着决定性的作用；而当金属以原子状态分散时，由金属原子与载体表面上的阳离子位的定域电子作用来决定。

载体对负载金属粒子分散状况的影响表现在对粒子大小和形状的影响。当金属和载体间相互作用较强时，由于抵抗金属粒子聚结能力的增加，容易获得小的金属粒子。同时，粒子的形状也极易由粒状转变为单层分散状，而金属粒子的形状对催化性能也存在着一定的影响。一般而言，由金属和载体相互作用而引起的催化活性的变化主要起因于金属粒子电子性质的变化。目前有三种理论解释载体对金属粒子电子性质的影响：一种认为对具有质子酸中心的酸性载体，载体中的质子与金属粒子形成金属质子加成物，而使金属粒子表面电子密度降低；另一种针对碱性载体，认为在载体中的氧原子和附近的金属粒子发生电子转移，而使金属粒子的电子密度增加；第三种是根据理论计算而来，认为在小的金属粒子上的电子密度分布倾向于载体中的阳离子，在载体表面附近的电子密度的极化使得对面的金属原子电子匮乏，由于金属和载体间电子转移和极化使得金属粒子表面的电子密度发生变化。

1.4　负载型金属催化剂的应用

负载型金属催化剂广泛用于化学工业，从散装和精细化学品生产到石油化工。在过去的 20 世纪，催化技术和催化剂的研究重点主要集中在如何提高催化剂的活性，即提高单位催化剂在单位时间内获得产品的量。在 21 世纪，催化研究的重点将是利用催化过程获得对目标产物选择性，从而达到"清洁生产"的目的来提高催化科学的经济效益和社会效益。催化工作者将这一历史使命交给了负载型催化剂，期望利用其自身特性在提高催化反应速率和效率的同时，优化反应途径、定向合成目标产物。负载型金属催化剂可以有效催化各种各样的反应，例如氢化、氢解、脱氢、重整反应和石油烃裂化。尽管部分工业过程使用无载体的金属催化剂，例如在葡萄糖加氢制山梨糖醇中的镍催化剂和在硝酸的生产中氨的氧化中的铂铑催化剂，但使用载体更具有优势，因为金属以小颗粒的形式高度分散在载体材料上，因此只需要少量的活性金属组分。

高级氧化技术是一种利用强氧化性自由基将有机污染物彻底分解、矿化的化学氧化技术，在水处理方面应用极为广泛，而此技术的关键在于性能优异的催化剂。过渡金属催化剂由于具有设备简单、操作便利、成本经济等优势受到青睐，这种催化剂利用载体可以更好地分散在反应体系中，便于回收并重复利用，减少了二次污染。其次，某些载体具有的路易斯酸性或碱性能够协同载体上的金属活性组分发挥作用，提高反应效率。因此，近年来大量的研究集中于负载型金属催化剂在芬顿氧化、臭氧催化氧化、光催化乃至新兴的过硫酸盐氧化等高级氧化技术方面的应用以减少金属负载量、增强可回收性、提高氧化剂利用率及改善催化剂环境适用性等。

参考文献

[1] Nta B, Ddd C, Scpa B. Heterogeneous Fenton catalysts: A review of recent advances [J]. Journal of Hazardous Materials, 2020, 404: 124082.

[2] Fan J, Gao Y. Nanoparticle-supported catalysts and catalytic reactions - a mini-review [J]. Journal of Experimental Nanoscience, 2006, 1 (4): 457-475.

[3] Ndolomingo M J, Bingwa N, Meijboom R. Review of supported metal nanoparticles: synthesis methodologies, advantages and application as catalysts [J]. Journal of Materials Science, 2020, 55: 6195-6241.

[4] 魏桂涓. 负载型贵金属基复合催化剂的制备与应用研究 [D]. 青岛：中国石油大学（华东），2016.

[5] 曾成华. 负载型金属催化剂的研究进展 [J]. 攀枝花学院学报（综合版），2006, 23 (2): 110-114.

[6] 郑双双，刘利平. 负载型金属催化剂制备新技术研究进展 [J]. 广东化工，2012, 39 (9): 12-13.

[7] 宋春雨. 负载型双贵金属催化剂的制备与应用 [D]. 北京：北京化工大学，2012.

第2章

负载型金属催化剂的制备

2.1 负载型金属催化剂制备简介

　　催化剂在工业过程中显示出巨大的潜力，尤其是负载型金属催化剂。在过去的几十年中，已开发出多种方法来合成负载型金属催化剂，包括但不限于浸渍-焙烧、水热反应、化学沉积等。通常，催化活性会受到多种因素的影响，包括粒径、化学成分、金属与载体的相互作用以及界面效应等。载体的类型、组成、形态、掺杂和表面改性可能影响催化剂-载体相互作用并因此影响催化活性。例如，在苯甲醇氧化反应中，催化活性按 $Au/Al_2O_3 > Au/SiO_2 > Au/TiO_2 > Au/ZnO$ 的顺序降低。此外，载体会影响活性位点分散性，对反应活性起促进或限制作用等。例如，对于负载型 Au 催化剂，载体材料和 Au 物质之间的相互作用促进了 Au 的高分散。在使用负载型 Au 催化剂的 CO 氧化反应中，载体会影响 Au 的反应性和活性氧化态。在将合成气转化为烃类化合物方面，对于金属沸石催化剂，已经证明作为载体的沸石可以突破烃类化合物产物分布的限制。因此，高度分散的金属催化剂的合成在很大程度上取决于制备方法，包括选择合适的载体、活性组分、活性相的沉积方法、氧化或还原处理以及干燥和焙烧过程等。

2.2 负载型金属催化剂常用载体

　　纳米粒子在热力学上不稳定，容易发生迁移、聚结。因此，为了保证纳米粒子的稳定性和获得较高的金属分散度，常常将纳米粒子沉积在具有高比表面积的载体上，利用金属和载体之间的相互作用和空间限制，使粒子间相互隔开以阻止它们的迁移和聚集。载体增加了可利用的金属表面积，提供高表面积以使活性组分高度分散，而这与催化活性直接相关，因此催化剂载体大多选用具有大的比表面的孔材料。活性组分与载体之间的相互作用是由给定活性相的载体表面化学性质决定的，前者负责化学状态而后者负责分散性能。尽管通常认为载体是惰性的，但实际情况并非如此，在某些情况下载体本身可以向体系中引入新的活性位点，通常为酸性或碱性或两者兼有，因此载体可能会影响催化过程。选择载体时必须考虑的第一个因素是被催化的化学反应的性质，因为它可用于确定载体材料的孔隙率。如果需要热力学上优选的产物，则可以考虑使用高表面积的载体。如果需要动力学控制的产物，那么通常使用低表面积的载体。特定载体材料的选择将取决于载体表面所需的化学性质，该化学性质对于任何特定反应都是特定的。

典型的载体材料包括金属氧化物和高表面积的多孔材料，最常见的是氧化铝（Al_2O_3）、二氧化硅（SiO_2）、二氧化钛（TiO_2）、沸石和碳材料等。氧化物载体靠粒子间的相互作用或黏结聚集在一起形成的聚集体，形成了所谓的孔。因此，氧化物载体孔分布较宽，表面也很不均匀，结果造成分散在其表面的金属粒子的尺寸均匀性难以控制及金属和载体间的界面性质难以准确确定。在这些情况下，载体仅起到物理作用，并且被认为对催化过程呈惰性。然而，在某些情况下，载体可以影响活性位点的电子环境，改变活性位点的数量，并对金属微晶的形态产生影响。当这种情况发生时，金属与载体之间的相互作用就开始起作用，并且这些相互作用的强度会对催化性能产生重大影响。通常，当使用可还原的金属氧化物作为载体时，金属与载体之间的相互作用很强，尤其是在高温还原预处理之后。例如对于 TiO_2 载体，还原处理可能导致还原的 TiO_x 物质在金属表面上迁移，并导致产生与 Ti 阳离子或氧空位相关的新活性位。对于不可还原的金属氧化物载体如 SiO_2 和沸石则没有这种现象。尽管相对较弱的金属-载体相互作用可能普遍存在，但对催化剂的性能仍然有相当大的影响或至少可以观察到。

2.2.1 氧化铝

氧化铝（Al_2O_3）是在负载型金属催化剂中最常见的载体材料，由铝矾土和硬水铝石获得，也叫作"活性氧化铝"。这是一种孔道结构丰富、分散度高的载体材料，其孔道结构具备催化所要求的表面酸性、吸附性能和热稳定性等特性。氧化铝作为载体具有成本低、耐热、与活性组分亲和性良好等优点。氧化铝有很多同质异晶体，截至目前，已知它有 10 多种晶型，其中三种主要的晶型分别为 α-Al_2O_3、β-Al_2O_3 和 γ-Al_2O_3，后者由于其独特的化学、热和机械性能成为主要应用的载体。氧化铝作为载体可用于低链烷烃异构化，在汽车排气净化中，使用负载贵金属的活性氧化铝作为催化剂。在低级烷烃脱氢过程中，常用负载铂的 γ-Al_2O_3 作催化剂。此外，如乙烯氧化生成环氧乙烷、丙酮催化氧化等可以用低比表面积的 Al_2O_3 作为催化剂的载体。但是氧化铝是酸性载体，表面的酸性位点大部分都是 L 酸中心，因此在做丙烷脱氢催化剂时，一般都是引入碱性助剂中和 Al_2O_3 载体表面酸中心，减少反应物在载体表面发生聚合等副反应，避免生成积炭。

氧化铝具有良好的机械强度和热稳定性、强的吸附能力等优点，并且其自身对臭氧氧化具有一定的催化作用，因此其作为催化剂载体已经广泛地应用到非均相催化臭氧反应中。通过微波辐射法制备的负载型催化剂 RuO_2/Al_2O_3，在催化臭氧化去除邻苯二甲酸二甲酯时有着更高的活性，TOC 的去除率达到 70%。扫描电镜显示，氧化钌均匀地分散到载体上，进而提高了催化活性。用 $FeOOH/Al_2O_3$ 催化臭氧化含 Br^- 废水，不仅能够去除水里面的有机物，而且还能有效地抑制溴酸盐的产生。氧化铝载体催化剂能够有效地催化臭氧化水中的有机物，且催化剂机械强度大，可以在工业化中大规模使用。

2.2.2　二氧化硅

二氧化硅（SiO_2）是已知材料中最复杂和最丰富的族之一。除了通常由四面体 SiO_4 单元组成的许多不同的晶体形式外，SiO_2 的无定形形式还广泛用作催化剂的载体。SBA-15 和 MCM-41 的高表面积和高体积使它们成为最常见的无定形有序介孔二氧化硅的类型，主要用作催化剂的载体。

在氢能储存研究中，环己烷可以脱氢产生氢气，发现环己烷的储氢密度为 7.2%（质量分数），超过美国能源部对于车载系统储氢密度的终极要求（6.5%，质量分数），非常适合作为车载储氢介质。在使用的时候，需要合适的催化剂加速脱氢，常见的为镍基催化剂，将其负载在 SiO_2 之上制备成 $Ni-Cu/SiO_2$ 催化剂，在 350℃下达到 94.9% 的环己烷转化率和

99.5%的苯选择性，这与使用载体后 Ni-Cu 纳米颗粒较窄的粒径分布和 Ni、Cu 的均匀分布密切相关。

除了化工应用，二氧化硅载体在环境领域应用也较为广泛。例如，以 SiO_2、TiO_2、Al_2O_3 等为载体制备得到非均相 Co 催化剂，用于活化 PMS 降解 2,4-二氯苯酚，发现 Co/SiO_2 表现出最高的催化活性，10min 内能降解去除近 98% 的污染物。

2.2.3　二氧化钛

二氧化钛（TiO_2）具有很好的水热稳定性和耐酸碱特性，能够在苛刻的液相加氢反应中使用，同时活性组分与 TiO_2 之间存在相互作用，可以促进炔烃及其他化合物中的炔键选择性加氢，因此越来越多的研究者开始关注以 TiO_2 为载体的催化剂在选择性加氢中的反应。骨架 Ni 催化剂是工业上常用的氯代硝基苯加氢合成氯代苯胺催化剂，以 TiO_2 为载体的 Ni 催化剂活性高、易制备、无污染，邻硝基氯苯转化率为 99.9%，邻氯苯胺选择性可达 99.5%，催化性能明显优于同等条件下制备的以 SiO_2、ZrO_2 和 $\gamma\text{-}Al_2O_3$ 为载体负载的 Ni 催化剂。研究结果表明，虽然 Ni/TiO_2 催化剂上 Ni 的分散度相对较低，但其转化速率比其他催化剂高很多倍，这是 TiO_2 载体的独特性质所致。含有氧空穴的 TiO_x 迁移到 Ni 表面并降低了整个体系的表面自由能，使表面形态更稳定。同时，TiO_x 上的氧空穴和硝基苯中的 N=O 键中氧原子协同配位并使 N=O 极化，因此邻硝基氯苯分子很容易被吸附在 Ni 表面的氢原子所加氢。

在过硫酸盐催化反应中，与 Co 氧化物相比，负载型 Co 催化剂的研究及应用更为广泛。负载型 Co 催化剂易于固液分离达到回收的目，同时 Co 在负载材料的表面能有效地分散，利于催化剂位点的增加。此外，由于 Co 化合物与负载材料之间的化学键作用力，Co 能稳定地存在于负载材料上，提高了催化剂的稳定性。以纳米 TiO_2 作为 Co 的载体，将其制备为负载型催化剂并用于催化活化 PMS 降解 2,4-二氯苯酚，2h 内污染物的降解去除率高达 100%，负载型金属的催化效率远高于未负载的催化剂。

光催化氧化技术作为一种高级氧化技术日益受到国内外学者的关注。几乎所有的有机物在光催化作用下可以完全氧化为 CO_2、H_2O 等简单无机物。光催化氧化剂中尤以金属氧化物半导体 TiO_2 最为典型。目前国内

外报道的利用 TiO_2 催化氧化有机污染物技术中，主要是利用分散型的 TiO_2 和负载型的 TiO_2。以水为溶剂，在超声波下将硝酸银纳米粒子沉积在微米 TiO_2 表面，超声使 TiO_2 表面沉积的纳米银增加且重叠在一起，很大程度上提高了可见光对丙酮的降解率。采用微波-水热方法，在 TiO_2 表面通过氢氧化钠辅助还原沉积纳米 Pt 制备了高比表面积的介孔 Pt/TiO_2，室温下对六氯环己烷进行降解实验，当 Pt 负载质量分数为 0.5% 时反应速率得到明显改善。类似的研究发现，在 Pt/TiO_2 对 3B 艳红染料溶液光催化降解性能的研究中发现 TiO_2 表面负载适量的金属 Pt 后，对染料降解的催化活性有了明显的提高。

2.2.4　黏土

黏土作为一种天然的层状铝硅酸盐矿物，不仅储量丰富、价格低廉、分散性好，而且具有良好的可塑性和非常高的黏结性、优良的电绝缘性能，以及耐火性好、抗酸溶性强、能从周围的介质中吸附离子及杂质等特点，因此广泛应用于制备负载型金属催化剂。

高岭土作为典型的黏土矿物，通过焙烧以及与酸性物质进行抽提反应，可使高岭土颗粒表面及内部形成孔隙增加比表面积，而且焙烧处理可以使得高岭土层间的氢键断裂、结晶水脱除，适合作为催化剂的载体。通过对钒改性高岭土负载钴、铜、铁金属对废水的处理进行研究，最终结果表明负载铁的改性高岭土催化剂的性能比负载其他两种金属所制得的催化剂的性能更加优越。

硅藻土是一种颗粒细小、质轻多孔的二氧化硅材料，因具有独特微孔结构和优良的稳定性等特点，被广泛用作催化剂载体，用于甲烷重整和萘氧化等多种反应的催化。以硅藻土为载体的负载型金属催化剂催化硼氢化钾水解产氢研究表明，金属负载量相同条件下，硅藻土负载的钴金属催化剂催化活性要明显高于负载型镍、铁金属催化剂。

蒙脱土具有良好的吸水膨胀性、高分散性和高吸附性成为类芬顿反应中研究最多的一类黏土载体。在同晶取代作用下，Al、Fe 等元素能够占据四面体位置，而 Mg、Fe 等元素可以占据八面体位置。因此蒙脱土片层之间存在大量的负电荷，使其对阳离子和极性有机分子具有很强的吸附能力。根据阳离子的不同，可分为钾基、钙基、铝基和钠基蒙脱土，其类型的不同对催化剂性能有显著影响。将钠基蒙脱石浸渍 $CuCl_2$ 溶液进行离子交换，随后将悬浊液 pH 值调至 2，利用 $NaBH_4$ 将 Cu（Ⅱ）还原至零价铜，经洗涤干燥后可得蒙脱石负载零价铜的类芬顿催化剂。研究发现，黏土层状结构可以限制进入层间的零价铜颗粒的聚集与长大，该催化剂在降解水中阿特拉津表现出良好活性，当 pH 值为 3、催化剂 0.5g/L 时，2min 内就能通过原位产生 H_2O_2 氧化降解超过 90% 的阿特拉津农药。

2.2.5 沸石

沸石是由硅氧四面体和铝氧四面体为基本结构单元相连接构成的具有规整的微孔孔道和孔笼的硅铝酸盐晶体。沸石晶体的结构非常空旷，晶体内有大量的与分子大小相近的微孔孔道和孔笼，其孔体积约为总体积的 40%～50%，且比表面极大。沸石晶体的孔内存在着强的电场和极性，对流体分子具有很强的吸附能力。同时沸石还有离子交换性，改变沸石骨架外阳离子的品种，可调节沸石表面静电强弱和表面酸碱性，沸石类微孔晶体的这些物理和化学特性使它们作为制备负载型金属催化剂载体以得到广泛的利用和认可。沸石作为载体与其他载体不同。首先，沸石具有的大比表面使金属活性组分能够高度分散；其次，沸石的孔道限制了金属粒子的增长和相互间的聚结。另外，规整的沸石孔道保证了金属粒子大小的均匀性。因此，人们可以根据催化反应对催化剂的要求选择具有适宜孔道结构和表面性质的沸石作为负载金属粒子的载体。

当沸石用作催化剂载体时，它可以通过限制反应物进入活性位点，形成某些过渡态或某些产物逸出而对反应产物施加选择性。沸石骨架带负电，并且这种负电荷通过存在额外的骨架阳离子（例如 Na^+ 或 H^+）来平衡。沸石中的阳离子位点可以被金属阳离子取代，从而将潜在的新催化物种引入结构中。在大多数情况下，对金属阳离子进行焙烧和还原以形成中性金属原子或充当催化活性位点的原子团。因此，沸石可以作为活性催化剂的金属阳离子的载体。

将金属阳离子引入沸石的最重要方法是离子交换和等体积浸渍技术。在离子交换中，通过用金属盐溶液处理沸石，沸石中存在的阳离子被所需的金属阳离子取代。所有处理步骤的精确控制对于最终产品的结构至关重要，因为沸石内部具有多种不同大小的孔，制备过程可能对金属的最终位置产生差异。重要的是，引入的金属最终要在沸石结构的较大孔中终止，否则某些对催化活性至关重要的反应物无法进入金属。由于氧原子的高度配位性质，金属离子通常会迁移到较小的孔中，氧原子可以将它们包裹在这样的受限区域中。这可以通过在引入催化活性金属之前用惰性阳离子封闭较小的空间来避免。因此，沸石相对于其他载体具有的一个优点是能够分离孔中的金属原子并因此防止金属原子的烧结，这利于避免催化剂有效表面积的减小。

沸石载体的表面物理化学性质、活性组分种类、粒径大小、催化剂制备方法等都会对负载型催化剂的活性产生影响。研究表明，沸石孔道结构、Si/Al 比、表面性能等对沸石分子筛催化性能影响较大，因此通过沸石优选、结构调控、表面改性处理等方法，可得到对特定物质作用的沸石材料。除此之外，沸石分子筛不仅具有发达的孔隙结构、较大的比表面积，而且其自身还有较多的酸位点，具有一定的催化活性。而且，沸石载体和活性组分之间存在协同作用，作为负载型催化剂载体表现出优异的催化活性。微孔沸石的孔道较窄，不利于大分子的吸附，合理引入介孔，可增加吸附位点，减小空间位阻，提高分子传质速率，提高沸石的吸附性能和负载型催化剂的催化活性。目前负载的各类金属粒子大部分只分布在沸石载体表面，金属粒子负载量低、分散性差，研发新的合成制备工艺，提高金属粒子在沸石孔道内部的定向组装，提高金属负载量和分散性，提高单原子催化效率，减少贵金属使用量是今后研究的重点。

催化氧化是一种低温处理挥发性有机化合物（VOCs）的有效措施，理想情况下 VOCs 分子在催化剂作用下可被完全氧化热解为 CO_2 和 H_2O。沸石负载型催化剂通常由催化活性组分及沸石载体组成，常用的 VOCs 催化剂主要为贵金属、非贵金属氧化物、钙钛矿类催化剂及其复合多相催化剂。催化活性组分被制成负载型后，自身分散性和催化活性得到提高，而沸石载体则可提供有效的表面和适宜的孔结构，降低活性组分的团聚，并增强催化剂的机械强度。在 MgO、Al_2O_3 和多种沸石上负载 Pt 后用于对 VOCs 中丙烷的催化氧化，发现以各类沸石为载体的催化剂活性明显优于 MgO、Al_2O_3 基负载型催化剂，这归因于沸石对丙烷优异的吸附性能，同时沸石表面酸度对催化剂活性影响较小。最近，通过系统对比 Pt 在超稳 Y 分子筛（USY）和氧化铝（Al_2O_3）表面对丙烷的催化氧化性能，发现 USY 载体表面酸度是 Pt/USY 优异催化活性的主要原因，沸石载体更高的酸性不仅可以抑制 Pt 的氧化以维持 Pt^0 含量，还可以促进 Pt 离子的还原性，十分有利于丙烷 C-H 键的破坏。沸石载体自身特性对催化剂活性组分的分散性影响较大，发现随着沸石载体硅铝比的增大或热处理温度的升高，Pt 颗粒尺寸会增大，Pt/ZSM-5 对丙烷的催化氧化性能降低。以含有不同补偿阳离子（H^+、Na^+、K^+、Cs^+）的 ZSM-5 沸石为载体的催化剂，与 Pt/HZSM-5 和 Pt/NaZSM-5 催化剂相比，Pt/KZSM-5 和 Pt/CsZSM-5 催化剂对甲苯的催化活性更高，这归因于阳离子电负性的不同，随着催化剂中阳离子电负性的降低，沸石骨架与 Pt 颗粒间的电子转移更明显，更有利于活性组分 Pt^0 的形成。

在沸石分子筛内，适当引入介孔，制备多级孔道沸石分子筛载体可有效减少空间位阻，提高分子的扩散速率。研究发现，与普通 Pd/ZSM-5、Pt/ZSM-5 催化剂相比，以介孔沸石 HZSM-5 为载体的 Pd/m-ZSM-5 具有更高的甲苯催化活性，这与介孔沸石更大的比表面积、较多的酸位点、更好的颗粒分散性有关。同样发现，介孔沸石载体制备的 Ru/m-HZSM-5 催化剂对不同芳香烃的催化氧化性能均优于非介孔的 Ru/HZSM-5 催化剂，这就是因为丰富的介孔可促进活性团簇的分散。

沸石负载催化剂的最大缺陷是负载金属后，位于沸石孔内的金属粒子将沸石孔道笼部分堵塞，增加了反应物和产物的扩散阻力。另一方面，位于孔道内的金属粒子由于其孔壁效应，降低了金属表面的利用率。总之，以微孔沸石作载体，只适合制备粒径非常小的金属簇催化剂，且只适用于反应物分子不太大的反应。幸运的是，新型系列介孔分子筛的问世，为载体纳米金属催化剂的制备提供了新一代的最佳材料，它们的孔径可在 1～10nm 范围内调节，还有规则的一维孔结构，很高的比表面积和热稳定性。因此，以介孔分子筛为载体，可制备粒径较大和均匀的负载纳米金属催化剂，为大分子的催化反应提供了有利的空间。

2.2.6　介孔硅材料

介孔材料是指孔径介于 2～50nm 之间的一类多孔材料。介孔材料具有极高的比表面积、规则有序的孔道结构、狭窄的孔径分布、孔径大小连续可调等特点，使得它在很多微孔沸石分子筛难以完成的大分子的吸附、分离，尤其是催化反应中发挥作用。而且，这种材料的有序孔道可作为"微型反应器"。介孔硅材料指的是具有介孔孔径的无定形氧化硅材料，这类材料是 1992 年首先由 mobil 公司以 CTAB（十六烷基三甲基溴化铵）为模板剂，结合溶胶凝胶法合成的代号为 MCM-41 的材料，孔径一般小于 3nm。另一类是以 SBA-15 材料为代表，利用非离子表面活性剂 P123 为模板剂，酸性条件下催化 TEOS 水解制得的，由于非离子表面活性剂疏水链较长，所以最终得到的材料孔尺寸明显增大。

在 MCM-41 负载不同金属制备的介孔催化剂对木质素进行催化水热液化（HTL）进行研究时发现，在使用乙醇溶剂的情况下，使用 Ni-Al/MCM-41 可获得 56.2%（质量分数）的最大生物油产率。研究表明在 MCM-41 上负载 Ni 和 Al 可以提高催化剂的酸强度，提高了木质素的降解率，催化液化促进了加氢脱氧，从而产生了具有较低分子量的较低含氧量的生物油。

SBA-15 具有均匀的六角孔结构，可调直径为 5～15nm。这种介孔二氧化硅因其独特的物理化学性质如高比表面积、化学惰性、狭窄的孔径分布、足够的活性位点、热力学稳定性。

值得注意的是，SBA-15 还被广泛用作模板，通过掺入活性成分（例如金属/金属氧化物和碳材料）来合成具有新型结构和电子性质的功能化催化剂，这将大大增强催化活性。负载 FePd 的多孔 SBA-15 对酸性红 73 的芬顿氧化表现出比未负载样品更高的去除效率，这是由于 SBA-15 的表面积较大，增加了微空间中活性位点的局部密度。Co_3O_4 对过一硫酸盐的氯霉素催化降解性能非常低，但将 Co_3O_4 纳米粒子掺入 SBA-15 孔道后，氧化率得到显著提高，这种协同作用可归于 SBA-15 提供了更多的反应位点。通过在 SBA-15 上掺杂 SnO_2，获得了具有 100% 去除亚甲基蓝的光催化活性，这比纯 SnO_2 所获得的光催化活性高。在环境修复方面，已广泛证明 SBA-15 和其他功能化材料如金属、金属氧化物和纳米碳的组合可表现出协同作用，以增强催化去除能力。在紫外线照射 180min 后，TiO_2@SBA-15 对亚甲基蓝的去除率比纯 TiO_2 高 95%。同样在 SBA-15 上掺杂 Ag_3PO_4 改善了罗丹明 B 的光催化氧化，去除率高达 99%，而单一 SBA-15 和 Ag_3PO_4 去除了 12% 和 60%。总体而言，SBA-15 作为载体形成的杂化纳米复合材料显示出巨大潜力，在环境治理中用途广泛。

2.2.7　金属有机框架

金属有机框架材料（MOF）作为一种新型的晶态多孔材料，因为其具有均一、可调的孔径尺寸、高的比表面积、方便功能化等特点引起研究人员的广泛关注，其在诸多领域都表现出巨大的应用前景，尤其是在非均相催化领域已成为一类应用广泛的材料。MOF 是通过用有机配体无机节点（金属簇和离子）构成的配位聚合物的一个亚类，具有强的金属-配体相互作用。MOF 的合成通常通过在室温下或在溶剂热水溶液中混合两种包含金属和有机组分的溶液来进行。作为无机节点使用的金属包括碱金属、碱土金属、过渡金属和主族金属（处于稳定的氧化态）以及稀土元素，而刚性分子（即共轭芳族体系）包括芳香族多羧酸分子、聚氮杂环和联吡啶及其衍生物，大部分用作有机成分。

作为一类新的多孔材料，MOF 负载金属制备复合材料有三种常用的方法。一种是先合成 MOF，后引入金属前驱体的溶液，然后在 MOF 的孔内或外表面上还原形成金属纳米粒子。这种方法不但可以将 MOF 作为一种多孔载体用于制备负载型金属催化剂，还可以利用 MOF 的无机金属节点作为负载位点，得到具有独特配位结构的金属活性物种，可用于高效氢化硝基苯、苯腈以及异腈类化合物。因此，利用 MOF 结构对生成纳米粒子 Cu 和 ZnO_x 的分散作用，原位还原可以得到超小 Cu/ZnO_x 纳米粒子，该粒子在催化 CO_2 氢化得到甲醇的反应中表现出高活性和 100% 的选择性，比目前商业所使用的 $Cu/ZnO/Al_2O_3$ 催化剂高 3 倍。另一种制备方法是将预先合成的金属纳米粒子分散到合成 MOF 材料的溶液中，通过自组装可以得到核壳结构的复合材料。还有一种制备方法是将合成 MOF 的材料和合成金属纳米粒子的前驱体在同一个溶液中一步反应得到最终的金属复合材料，这种方法又被称之为一锅法或一步法。一锅法可以制备 MOF 中位置、组成和形状受控的单金属纳米粒子、双金属合金纳米粒子、双金属核壳纳米粒子和多面体金属纳米晶体。

然而，由于 MOF 的固有微观结构，难以将金属前体完全引入主体构架的孔中，从而导致金属在 MOF 的外表面上沉积，稳定性较低。因此，虽然近年来 MOF 负载金属复合材料在催化领域获得长足的发展，并取得瞩目的成绩，但仍然存在诸多问题，例如 MOF 的稳定性、金属纳米粒子在 MOF 中的位置、形貌以及颗粒大小等。另外，目前该领域的研究集中在贵金属纳米颗粒负载在 MOF 上的催化剂，而从实际应用的角度来看，开发出非贵金属纳米颗粒与 MOF 组装的复合材料具有很重要的现实意义。

2.2.8 碳材料

碳（C）是煤和焦炭的主要成分，也可用于非均相催化中作为催化剂载体。碳基材料由于其可调节的孔隙率和表面化学性质而经常用作催化剂载体。具有不同物理形式和形状的纳米结构的碳材料，例如石墨烯、碳纳米管、活性炭、碳纳米纤维和介孔碳，已经取得了令人瞩目的进展。它们出色的物理性能，尤其高表面积、良好的电子传导性以及良好的化学惰性使其成为用于负载型金属催化剂的有前途的载体材料。

作为碳的同素异形体之一，由二维 sp^2 杂化的碳原子片构成的石墨烯具有许多独特属性，在室温下具有非常高的电子迁移率和比表面积。这些优异的物理性能赋予石墨烯巨大的应用潜力。通过氧化或者还原的方法将缺陷和杂原子引入石墨烯的表面或者边缘，能够极大地改变原始石墨烯的物理和化学性质。这种缺陷和功能集团可以在溶剂分散性上提供潜在的应用，并且有助于提高石墨烯基催化剂的催化性能。因为氧化石墨烯在这方面的研究起步较晚，所以当前以氧化石墨烯为载体负载金属的研究还仍较少，主要用于负载 Pt、Au、Pd 等。以氧化石墨烯为载体，氯铂酸和氧化石墨烯在乙二醇的还原作用下制备得到纳米粒子高度分散且均匀的 Pt/RGO，在 1MPa 的反应条件下制备的催化剂的转换频率（TOF）比 Pt/MCNTs 等催化剂高出 12 倍多，催化硝基苯加氢反应 3h 就能达到 100% 的转化率和 94% 的选择性，这表明石墨烯材料是一种非常有应用前景的新型催化剂载体。

碳纳米管（CNTs）是一种纳米级新型碳素材料，由于尺寸小、比表面积大、孔结构及表面化学性质可控、表面键态和电子态与颗粒内部不同、表面原子配位不全等导致表面的缺陷位置增加，具备了作为催化剂载体的良好条件。碳纳米管作为载体有诸多优势，但由于表面惰性及疏水性，影响了活性组分的分散，一定程度上限制了它的使用，因而需要对碳纳米管表面进行改性。采用浓硝酸对碳纳米管进行表面改性后发现，表面改性大大提高了碳纳米管载体的负载能力，有助于催化剂活性组分在表面的高度分散。MoO_3 在未改性的碳纳米管表面的最大负载量低于 6%，而经表面改性后，碳纳米管对 MoO_3 的负载能力明显提高，最大负载量超过了 12%。

活性炭（AC）是一种具有极丰富孔隙结构和高比表面积的多孔状炭化物，化学性质稳定，耐酸、碱、高温和高压，这些性质使活性炭成为催化领域优良的催化剂载体之一。目前应用于催化领域的活性炭种类很多，如椰壳活性炭、杏壳活性炭、果核壳活性炭、核桃壳活性炭、木质活性炭和煤质活性炭，不同活性炭材料比表面积、孔隙大小及晶体形态差异较大，其中椰壳活性炭和果壳活性炭因孔隙结构发达、比表面积大、吸附速度快且吸附容量高，常被用作负载催化剂的载体。为使活性炭对催化剂有合适的负载量，需对其进行预处理，以在其表面引入有利于催化剂吸附的功能性离子或基团，常见方法有酸处理、碱处理、高温处理及氧化处理。

由于活性炭性质优异，活性炭成为费托反应催化剂理想的载体材料。研究了活性炭种类对 Fe/AC 催化剂反应性能的影响，结果表明椰壳基活性炭制备的催化剂其活性和液相产物收率均要高于煤基活性炭，这可能是由于煤基活性炭中的杂质太多影响了费托反应活性。碳纳米纤维、碳纳米管、碳微球等纯度高、表面性质可调、形貌可控，且与 Fe 的相互作用较弱，因而在费托反应中常被作为模型载体来揭示金属颗粒尺寸、助剂等要素与反应性能之间的内在联系。当 Fe_2O_3 纳米颗粒负载在碳纳米管管内时，可以显著降低 Fe_2O_3 的还原温度，并发现限域在管内的铁物种更易被碳化，从而可提高费托反应活性和烃类收率。由于碳材料呈化学惰性且亲水性差，一般很难将活性组分均匀分散在载体表面或完全限域在孔道内。尽管碳材料表面改性虽可部分解决此问题，但总体提升效果有限。随着材料科学的发展，各种新型制备方法涌现，可以直接合成含铁有机复合物，并通过热解可以制备出分散均匀和完全包覆的 Fe/C 催化剂，而且通常催化性能表现优异。以葡萄糖和硝酸铁为原料，通过水热一步法在温和条件下得到了碳包覆结构 $Fe_xO_y@C$ 微球。水热过程中，由于铁物种的存在加速了糖类的脱水，使得水热温度仅需 80℃。得益于碳基质的保护作用，在经过 108h 的费托反应后铁物种颗粒仅从 7nm 增长到 9nm，表现出优越的催化稳定性；且无需其他助剂时，$C_5 \sim C_{12}$ 组分产物选择性可达到 40%。

活性炭有催化臭氧化作用，是一种理想的催化臭氧化载体。用浸渍法制备的 Cu/AC 催化臭氧化硝基苯，25min 后可降解 96% 的硝基苯，比单独臭氧氧化提高了 20%，总有机碳（TOC）的去除率达到 84%，比单独臭氧氧化提高 60%。用 Fe_2O_3-CeO_2/AC 催化臭氧化磺胺甲噁唑。在 pH 值为 3 的条件下，TOC 去除率为 86%，而活性炭催化臭氧化对 TOC 的去除率为 78%，单独臭氧氧化时 TOC 的去除率仅有 37%，实验表明活性炭具有催化臭氧化能力，而活性炭负载的金属催化剂表现出更好的催化效果。由于活性炭具有非常好的吸附作用，能够与活性组分协同进行催化臭氧化，可以大大强化催化剂的催化效果。耐热耐酸碱的特性也使催化剂的使用寿命得到提高，但其机械强度差，在催化过程中容易流失。

　　传统的活性炭作为工业上常见的催化剂载体，存在无序的孔道结构、表面复杂的官能团种类和弱机械强度等缺点，在高温高压多相催化反应条件下的实际应用过程中出现诸多弊端。因此，多相催化领域迫切需要高强度、高稳定性的碳材料及其负载型金属催化剂。近年来出现的金属镶嵌式多孔碳纳米球催化材料，显示出金属粒子具有高温热稳定性，预示了其在高温、高压多相催化领域中广阔的应用前景。通过葡萄糖水溶液在180℃下水热得到均匀分散的实心碳纳米球，然后湿法浸渍负载 Pd 金属。碳球外表面富含的羧基和羟基等基团的还原性和强吸附性能轻易地一步锚定 Pd 金属前体并原位还原成单质 Pd。进一步表征得到 Pd 纳米颗粒（平均粒径约 5.4nm）均匀分散在碳纳米球的外表面。此催化剂能在温和反应条件下使硝基芳香化合物加氢还原转化率得到较大提高。多孔中空碳纳米球比表面积远大于实心碳纳米球，同一质量和碳球直径下中空具有更大的总体积，所以中空结构下反应传质速率更快。核壳结构的内外表面均可负载金属活性位，内部的大孔或空间在催化反应过程中能成为运载和控制释放产物的纳米反应器，尤其内部的空间足以负载一定尺寸的金属颗粒而组成多孔核壳碳纳米球负载金属催化剂，金属核与外壳之间存在空隙为中空核壳结构，不存在空隙为实心核壳结构。这种结构的纳米材料能将金属纳米颗粒限制和稳固在碳球内部的空间中，在非常恶劣的反应环境（如高温高压）和多次循环反应下依旧保持高催化活性，也在一定程度上解决了金属颗粒在催化反应过程中的团聚问题。用硬模板法制备得到多孔含氮中空碳纳米球（外壳厚度 50nm），通过化学气相沉积法将乙腈涂抹在硅球外表面，后经过去硅步骤得到碳球，并过量浸渍 Pt 溶液，最后热还原得到多孔含氮中空碳纳米球负载 Pt 催化剂，金属 Pt 纳米平均粒径为 2.8nm 左右。将此催化剂应用在肉桂醛选择性加氢反应上，转化率和选择性均能达到 99.9％以上，催化剂性能远优于普通的碳负载催化剂。

　　活性碳纤维（Activated Carbon Fibers，ACFs）是通过高温活化含碳纤维得到的一种碳材料，其形状结构呈纤维状，可以加工成毡、块、带等多种形式，具有灵活的实用性，而且活性碳纤维表面含有纳米级的孔径和各种基团，因此可作为载体制备负载型金属催化剂。活性碳纤维表面具有大量微孔，这是由于活性碳纤维活化处理后会形成无序的类石墨烯微晶结构,这些类石墨片层之间存在孔隙,而且微晶之间也具有孔隙。活性碳纤维的平均微孔径在 1.0～4.0nm,且均匀分布于纤维表面,因此活性碳纤维的比表面积较高,对于小分子物质吸附速率快,很适合作为降解小分子物质的催化剂载体。采用活性碳纤维(ACFs)为载体,钴离子(Co²⁺)为催化中心,制备得到活性碳纤维负载钴催化纤维(Co@ACFs),结果发现 ACFs 与 Co²⁺ 之间存在络合作用,Co@ACFs 能高效活化 PMS 降解酸性橙 7、酸性红 1、亚甲基蓝等多种结构不同的染料,35min 染料的降解去除率接近 100%,该催化剂循环使用 7 次后催化活性没有明显降低,且反应过程中未检测到 Co 释放,表明催化剂具有良好的重复使用性能和稳定性。

2.3　负载型金属催化剂的制备

负载型催化剂的制备通常涉及用含有一种或多种待沉积金属的水溶液对载体颗粒进行的浸渍,然后进行干燥和焙烧。因此,沉积主要发生在干燥步骤中,由于溶剂蒸发,孔中的液相通过沉淀而干燥,然后将形成的微晶沉积在载体内部表面上。制备负载型金属催化剂主要使用的金属负载方法包括浸渍法、沉淀法和水热法。制备方法和预处理条件对于确定催化剂的性能很重要,因为这些因素可以直接影响金属的表面积、分散度(表面暴露的金属原子数与存在的金属原子总数的比),尤其是金属的粒径和形态,这些是与催化剂活性、选择性和稳定性直接相关的重要参数。

2.3.1　浸渍法

浸渍法是在控制的条件下使载体材料与金属盐溶液接触一段时间后载体从溶液中吸附金属前体。在催化剂前体形成并干燥后,将样品在空气中焙烧,以将前体物质分解为氧化物,因为这些物质通常更容易还原为金属态。在某些情况下,可以省略焙烧步骤并直接进行还原,这是因为在焙烧过程中会形成高度稳定的化合物而难以还原,例如金属铝酸盐和硅酸盐。浸渍法的优点是可以根据需求选择合适比表面积、粒径、尺寸的载体,方法简单,应用范围广泛。

在浸渍法中,当金属盐溶液超过载体孔体积时,称为湿浸渍。将溶液量限制为仅填充孔体积的方法称为干浸渍(又称等体积浸渍)。在湿浸渍中，将浸渍过的载体滤出，然后进行干燥和焙烧形成活性组分。干浸渍消除了多余的液体，省略了过滤步骤，但是缺少过滤步骤意味着来自金属前体盐的任何抗衡离子都会保留在干燥的催化剂中。如果需要除去这些物质，则需要进一步处理。

通过这些浸渍方法制得的催化剂通常不产生具有高分散性的颗粒，这是由于金属前体与载体之间缺乏诱导的相互作用，这使得前体在干燥过程中具有流动性。随着干燥的进行，溶剂的损失导致水分迁移到载体的外表面，前体聚结在一起。因此浸渍方法的主要缺点是，除了当多孔基材具有窄的孔径分布（例如在高度有序的介孔碳中）时，金属颗粒的尺寸缺乏控制，通常观察到从纳米级到微米级的粒度分布。

除了"湿浸渍"和"干浸渍"，还存在其他浸渍方式。如果同时浸渍两种或多种金属前体，则该方法通常称为"共浸渍"。其他时候，对连续的金属使用干法浸渍。这两种方法都与单金属浸渍过程类似，因为它们不能控制溶液的 pH 值，粒径较大且不是单分散的。

2.3.2　沉淀法

在沉淀法中，活性物质以原位形成或添加沉淀剂的形式沉积在悬浮液中的载体上。在含有金属盐的溶液中加入沉淀剂，把生成难溶金属盐或金属水合氧化物从溶液中沉淀出来后，再经过老化、过滤、洗涤、干燥、焙烧、粉碎、成型等工序制备得到催化剂。与浸渍法相比，沉淀需要较低的过饱和度。通过逐渐加入沉淀剂或通过适当的物质如尿素、碳酸铵和氢氧化钠的分解，过饱和可以被控制并保持在恒定的水平。但是，必须仔细控制添加物质的速度和顺序、混合过程、pH 值和成熟过程。因此，在沉淀法中，沉淀剂的选择、温度的控制、pH 值的调控、搅拌速度、加料顺序与速度等都对产品性质影响巨大。沉淀法涉及将高溶解度的金属盐前体转化为难溶性物质，必须满足两个条件以确保仅在载体上而不是在溶液中发生沉淀：可溶性金属前体与载体表面之间的强烈相互作用以及溶液中前体的受控浓度以避免自发沉淀。通常在载体存在下，与溶液中的溶解度极限相比，溶解度极限移至更低的浓度，以有利于在载体上的沉积。金属盐的浓度应保持在溶液的溶解度和超溶解度之间，以防止在液体中沉淀。该方法的最重要的缺点是对金属分布和表面组成的难以控制，这也使得难以制备具有受控组成的真正的双金属催化剂。

在共沉淀的情况下，通过将碱性沉淀剂（通常是碳酸盐或氢氧化物）添加到含有适当的金属和载体前体盐的溶液中，同时形成金属前体和载体材料。这导致金属组分在整个材料的整体结构中分布，而在浸渍时活性金属物质仅沉积在表面上。后者可能在经济上更为有利，因为与共沉淀法相比，要获得相等的表面金属负载量和活性表面积，需要更多的金属盐量。

2.3.3 水热法

水热法是最常用的制备负载型金属催化剂方法之一，用该法制备非均相催化剂通常在高压反应釜中进行。制备时以水溶液作为反应介质，通过对高压反应釜进行加热，使前驱物在水热介质中溶解，而后经过成核、生长，最终形成具有一定粒度和结晶形态的颗粒。该法可以保护低价态金属不被氧化，并且通过改变工艺条件可实现对粉体粒径和晶型等特性的控制。因此，水热法生产出的纳米粒子纯度高、分散性好、晶型好且易控制，生产成本低。所以，采用水热法制备负载型金属催化剂具有一定的优势。但是，该法必须在高温高压条件下进行，且对反应釜的密封性要求比较严格。采用碳纳米管为载体材料，利用水热法制备了空心的 PdCu/MWCNTs 催化剂，将制备的催化剂应用于甲酸电催化氧化反应，与负载型实心 PdCu 合金催化剂相比，负载型空心 PdCu 纳米催化剂表现出了非常好的电催化活性和稳定性。

溶剂热反应是水热反应的发展，它与水热反应的不同之处就在于所使用的溶剂为有机溶剂而不是水。在溶剂热反应中，一种或几种前体溶解在非水溶剂中，在液相或超临界条件下，反应物分散在溶液中并且变得比较活泼，反应发生后缓慢生成产物，产物的结晶度高。该过程相对简单而且容易控制，并且在密闭体系中可以有效防止有毒物质的挥发。该方法一般得到的固体为催化剂前体，再经过高温碳化或活化等工序得到最终催化剂。利用水热法把 Fe 限域在硝酸锌和 2-甲基咪唑形成的沸石咪唑 ZIF-8 的空穴中，高温碳化得到孤立的铁单原子的催化剂，不仅有极高的反应活性，还有良好的甲醇耐受性和稳定性，可以很好地代替现有的贵金属催化剂。在乙二醇溶剂中通过水热法把 Pt 纳米粒子负载到石墨烯纳米板上，可以在不破坏石墨烯结构情况下将 Pt 纳米粒子均匀分布在石墨烯表面，粒径达到 2.3nm，与相同 Pt 含量的还原型氧化石墨烯载体相比，该复合材料具有更好的电化学活性和较高的抗甲醇氧化毒性，可以作为直接甲醇燃料电池的电催化剂载体。

2.3.4　原位法

原位法又叫一步法，适用于该方法的载体大多是具有特殊结构的介孔材料，金属前体引入载体内与模板剂结合，然后自发进行孔壁自组装，因此金属和载体界面结合强度较高，高温焙烧除去模板剂得到负载型金属催化剂。这种方法的优点在于纳米粒子的负载与介孔材料的孔壁自组装是一步完成，工艺过程较为简单，不会出现像沉淀法因碱性使载体孔结构被破坏，从而导致催化性能下降的现象。不过高温焙烧去除模板剂的同时也会造成金属纳米颗粒的团聚和烧结，从而导致催化剂性能在不同程度上的降低。

2.3.5　溶胶-凝聚法

溶胶-凝聚法也是制备负载型金属催化剂常用方法之一，是将金属前体与载体预先混合均匀，通过水解和缩合在溶液中形成透明溶胶，经过陈化形成凝胶，再经过干燥和焙烧得到负载型金属催化剂。该方法的优点在于工艺较为简单，焙烧时金属的烧结不明显，适用的载体有二氧化硅、氧化铝和二氧化钛等，这是由于这些金属氧化物可由对应的硅溶胶、铝溶胶和钛溶胶得到，不足之处主要在于金属负载量低。

2.3.6　化学气相沉积法

化学气相沉积法是以惰性气体为载气，将含有金属的挥发性有机组分导入到载体表面，经充分接触后再焙烧即可得到成品催化剂。化学气相沉积法是唯一能够在任意一种载体上负载金属纳米粒子的方法，能够制备粒径分布较窄的高分散纳米金属粒子，并且不会影响载体的孔结构。虽然该法从理论上是非常简单易行的一种方法，但是在工艺上却比其他方法复杂，对设备的要求也较高，而且有机金属前体难以获得，使化学气相沉积法在应用上存在一定局限性。

2.3.7　固相析出法

固相析出法制备催化剂的原理是用含活性金属离子的盐与制备载体的金属盐一同溶解，用共沉淀法、溶胶—凝胶法或其他方法首先制备出含有活性金属组分的催化剂前体。催化剂前体要求各金属离子均匀分散，最好是分子水平上的均匀分散。由于加入的活性金属离子的半径与载体中金属离子的半径有差别，其部分取代载体中金属离子的位置，使载体中的对称或完整的结构遭到破坏，形成新的不对称（包括结构和电荷的不对称）结构。活性金属离子的半径和价态与载体中金属离子的半径和价态不同，使活性组分在载体中难以稳定存在。在适当的温度和气氛（如还原性气氛）中，前体中的活性组分将扩散到载体表面。由于前体中各组分是均匀分散的，所以迁移到表面的活性组分也是均匀分散的。而均匀分散的活性组分再聚集时需要克服迁移的能垒，故活性组分不易再聚集，提高了活性组分的稳定性。活性金属粒子与载体之间有强烈的相互作用，形成了高分散、高热稳定性的负载型催化剂。

固相析出法制备的负载型金属催化剂与浸渍法制备的组成相同的催化剂在甲烷部分氧化等反应中的比较结果表明，前者在活性粒子的分散性、热稳定性以及抗积碳性能上都要好于后者。目前，文献报道该方法大都用于钙钛矿型复合氧化物和水滑石为载体的负载金属催化剂方面的研究。由于固相析出法制备的催化剂具有活性组分均匀分散、高温热稳定性好的优点，因此该方法也可应用于制备其他载体如复合金属氧化物、六铝酸盐、金属固溶体等的负载金属催化剂，以提高催化剂的性能。

2.4　负载型金属催化剂制备方法的改进

在制备负载型金属催化剂的过程中，现有的负载方法存在容易造成活性降低的现象，在获得较好的纳米颗粒形态的情况下，如何在负载的过程中避免活性组分的脱落、失活以及使活性组分在载体上有效地分散是目前研究的热点。

2.4.1　配体络合法

在制备催化剂的过程中利用催化剂表面官能团和配体的相互作用，引入新的功能基团，使功能基团与载体表面的官能团发生反应，从而借助强的化学键作用实现负载的目的。这种利用配体上功能基团与载体反应所制备的负载型催化剂，比文献报道的传统方法负载的催化剂催化活性高出 10 倍，并且由于载体和催化剂之间是化学键的作用，结合的强度较大，因此能有效地避免在聚合过程中活性中心脱落而影响树脂的颗粒形态。

2.4.2　溶剂化金属原子浸渍法

溶剂化金属原子浸渍法（SMAI）是在溶剂化金属原子分散法的基础上设计出来的一种制备方法。该方法将活性组分放进已经在电极间固定好的坩埚中，然后将反应体系抽真空，再用冷却剂冷却反应瓶，接着注入一定量的溶剂使其覆盖反应瓶的内壁。逐渐加大电流使金属蒸发的同时不断引入溶剂，这时气态的金属原子会与溶剂蒸气在反应瓶上发生共凝聚；之后再升温，使共凝聚物融化落入瓶底；然后将所得的溶液在保护气下与载体浸渍一定时间，再升至室温；最后经过真空除杂就制得所需催化剂。SMAI 法制备过程中没有引入其他杂质离子，能够获得具有极高分散度和还原性的催化剂，因此该方法已经引起广泛关注。传统的浸渍法、沉淀法等都需要加热至高温进行还原或烧掉配体残余物质，因此会常常引起严重的烧结现象，但 SMAI 法能把活性组分金属原子直接敷在到载体上，制得高度分散的超微金属颗粒，而无需经过高温焙烧或者还原处理，避免了处理引起的烧结现象。除此之外，还可以将一种或者几种活性组分负载到载体上，活性组分利用率高、用量少，并且制得催化剂粒径分布范围窄，具有极高的分散性和还原性。但是该方法明显的缺点是制备过程比较复杂，增加了制备成本。

2.4.3　超临界流体法

超临界流体是指物体的温度和压力超过临界条件的特殊流体，其物理化学性质与常规条件下的性质差别较大。超临界流体具有类似液体的高溶解性与类似气体的扩散性，密度介于空气与液体之间，而黏性与表面张力比液体低很多，同时还可以通过改变温度、压力，方便地调整其溶解能力，以实现混合物的快速分离，这些特性可以为催化剂的制备与改性提供有力的帮助。在催化剂制备过程中应用超临界流体技术，主要是利用了超临界流体的两个特点：一是超临界流体具有较高的扩散性与较低的黏度，因此可以作为溶剂向微孔输送活性组分；另一个是超临界流体的温度、压力只要稍加改变，就可以显著改变溶解度，可以将超临界流体作为催化剂的溶剂或制备溶胶颗粒的干燥剂。在利用溶胶-凝胶法制备催化剂过程中，干燥时如果采用普通干燥技术，由于表面张力的作用会使凝胶颗粒聚集和孔收缩。如果采用超临界技术，由于过程不存在气液界面，因而避免了表面张力所带来的不利影响。超临界方法所得的气凝胶产物具有以下特点：较高的孔隙率，孔多为介孔且孔径分布较窄，很小的表观堆密度，较高的比表面积，优良的耐热性能等；同时超临界方法还具有装置简单、成本低、微粒小、操作简单等特点。

2.4.4 微波辐射法

微波辐射与传统加热相比可以在短时间内使活性组分均匀地负载载体上，显著改善其物理性能和催化性能。与浸渍法等传统方法比，可以将活性组分很好的负载在疏水载体上，制备过程简单，因此微波加热法在负载型催化剂制备领域有很大的应用前景。微波加热能使整个介质同时被加热，而且加热速度很快，避免了载体骨架结构在高温下坍塌。除此之外，对非均一的负载型催化剂材料基体还具有选择加热性质，在加热过程中存在特殊的热点和表面效应，即在微波场作用下固体表面的弱键或缺陷位与微波场发生局部共振耦合，这种耦合会导致催化剂表面能量的不均匀，从而使负载活性物质表面上的某些点发热而体相温度不变，在加快活性组分在载体表面分散的同时，还避免了载体骨架在高温下坍塌。利用微波辐射法制备了负载型 Pd-Fe 双金属催化剂，结果显示使用该条件制备的催化剂在氯苯的脱氯反应表现出更好的活性，分析表明微波辐射改变了催化剂载体和活性组分的形态，提高了活性组分的结晶度和催化剂的粒径，同时避免了生成对反应不利的金属合金。

参考文献

[1] Mehrabadi B，Eskan Da Ri S，Khan U，et al. A review of preparation methods for supported metal catalysts [J]. Advances in Catalysis，2017，61：1-35.

[2] Wu N，Ji X，Li L，et al. Mesoscience in supported nano-metal catalysts based on molecular thermodynamic modeling：A mini review and perspective [J]. Chemical Engineering Science，2021，229：116-164.

[3] 阚愈，王继元，林陵，等. TiO$_2$ 负载催化剂在液相选择性加氢中的研究进展 [J]. 石油化工，2011，40（1）：111-117.

[4] 吴俊，罗丹，全学军. 臭氧催化剂的制备及其应用研究进展 [J]. 化工进展，2017，36（3）：944-950.

[5] 季豪克, 张雪洁, 王昊, 等. 多孔碳纳米球及其负载金属催化剂的研究进展 [J]. 化工进展, 2019, 38 (7): 3143-3152.

[6] 朱佳新, 熊裕华, 郭锐. 二氧化钛光催化剂改性研究进展 [J]. 无机盐工业, 2020, 52 (3): 23-27.

[7] 程晓东, 禚青倩, 余正齐, 等. 非均相催化臭氧化污水处理技术研究进展 [J]. 工业用水与废水, 2017, 48 (1): 6-9.

[8] 刘艳芳, 张智理, 姜国平, 等. 非均相催化臭氧氧化水中难降解有机物效率与机理研究进展 [J]. 煤炭与化工, 2016, 39 (9): 29-34.

[9] 黄振夫. 非均相钴催化剂活化 PMS 降解染料的研究 [D]. 杭州: 浙江理工大学, 2016.

[10] 冯爱虎, 于洋, 于云, 等. 沸石分子筛及其负载型催化剂去除 VOCs 研究进展 [J]. 化学学报, 2018, 76 (10): 757-773.

[11] 胡显祥. 负载金属催化剂的制备及其催化性能研究 [D]. 郑州: 河南大学, 2018.

[12] 魏桂涓. 负载型贵金属基复合催化剂的制备与应用研究 [D]. 青岛: 中国石油大学 (华东), 2016.

[13] 曾成华. 负载型金属催化剂的研究进展 [J]. 攀枝花学院学报 (综合版), 2006, 23 (2): 110-114.

[14] 郑双双, 刘利平. 负载型金属催化剂制备新技术研究进展 [J]. 广东化工, 2012, 39 (9): 12-13.

[15] 金碧凤. 负载型壳聚糖功能材料的制备及其应用研究 [D]. 福州: 福建师范大学, 2008.

[16] 宋春雨. 负载型双贵金属催化剂的制备与应用 [D]. 北京: 北京化工大学, 2012.

[17] 吴森, 秦立攀, 张印民. 高岭土的结构特点及其在催化剂方面的研究进展 [J]. 广州化工, 2019, 47 (18): 21-23.

[18] 闻学兵, 刘源, 李增喜, 等. 固相析出法制备负载型催化剂的研究进展 [J]. 石油化工, 2004, 33 (5): 481-486.

[19] 祝淑芳. 硅藻土负载金属催化剂催化制氢性能研究 [J]. 湘南学院学报, 2020, 41 (2): 15-18.

[20] 华鹏飞, 蒋雨涛, 陶雪芬. 活性炭负载金属催化剂的研究进展 [J]. 当代化工, 2016, 45 (9): 2214-2216.

[21] 詹望成, 卢冠忠, 王艳芹. 介孔分子筛的功能化制备及催化性能研究进展 [J]. 化工进展, 2006, 25 (1): 6-12.

[22] 张晓东, 王吟, 杨一琼, 等. 介孔硅材料及其负载型催化剂去除挥发性有机物的最新进展 [J]. 物理化学学报, 2015, 31 (9): 1633-1646.

[23] 李庆远, 季生福, 郝志谋. 金属-有机骨架材料及其在催化反应中的应用 [J]. 化学进展, 2012, 24 (8): 1506-1518.

[24] 郭瑞梅, 白金泉, 张恒, 等. 金属-有机骨架材料在催化氧化反应中的应用 [J]. 化学进展, 2016, 28 (2): 232-243.

[25] 王瑞, 黄新松, 刘天赋, 等. 金属有机框架用于一氧化碳氧化 [J]. 高等学校化学学报,

2020，41 (10)：2174-2184.

[26] 廖丰，龙明策. 黏土负载型类 Fenton 催化剂的研究进展 [J]. 化工进展，2018，37 (9)：3401-3409.

[27] 杨玉，许佩瑶，汪黎东. 无机碳材料负载固相金属催化剂研究进展 [J]. 工业催化，2016，24 (02)：1-4.

第3章
缓冲溶液法制备负载型金属催化剂

3.1 缓冲溶液制备法的提出

现有制备负载型金属催化剂的方法中，湿浸渍法是最简单也是最常用的方法。当溶液的体积超过载体时，通过此法得到活性组分相对均匀，但是由于在浸渍完成后必须将多余的溶液舍弃，因此金属负载量无法预先确定。干浸渍可以根据载体质量预先确定金属负载量，但是由于溶液的量只够能润湿载体，溶液中的金属离子迁移困难，因此金属离子在溶剂挥发之后迅速沉积结块。在碱性溶液中沉淀金属离子也较为常用，但是金属离子与氢氧根离子之间的快速反应容易过快成核，造成活性组分团聚。因此，开发一种新的制备方法，在预定负载量下精确控制活性组分的形成具有重要意义。

3.2 酸式缓冲溶液法制备催化剂

3.2.1 酸式缓冲溶液制备催化剂的过程

首先配制 50mL pH＝7 的甘氨酸/盐酸缓冲溶液置于圆底烧瓶中，然后加入 0.50g 的二氧化硅和 0.25g 前体硝酸铁，通过磁力搅拌使金属前体溶解并混合均匀，然后缓慢滴加氢氧化钠溶液，反应在 80℃ 油浴中进行。反应 2h 后，将固体样品过滤并用超纯水洗涤，然后在 105℃ 下干燥。得到的固体在马弗炉 500℃ 条件下焙烧 5h，最终的样品命名为 Fe-缓/SiO_2。同时，以水溶液代替缓冲溶液制备参比样品，命名为 Fe-水/SiO_2。

3.2.2 酸式缓冲溶液制备催化剂的表征

由于活性组分高度分散，X 射线衍射无法得到金属组分的化学组成，只能得到载体 SiO_2 的无定型峰（图 3-1），因此需要通过 X 射线光电子能谱仪（XPS）对催化剂表面的元素组成和化学价态进行研究，结果如图 3-2 所示。

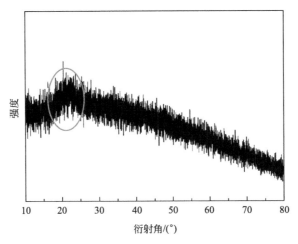

图 3-1 酸式缓冲溶液制备的催化剂 XRD 图谱

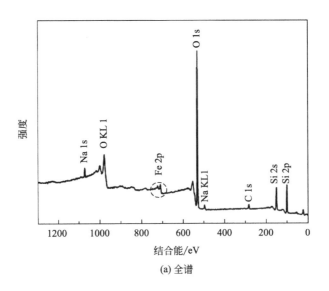

(a) 全谱

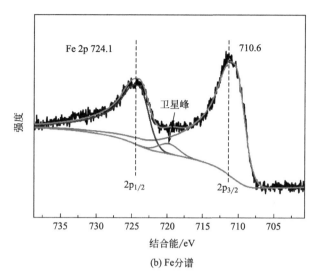

(b) Fe分谱

图 3-2　酸式缓冲溶液制备的催化剂的 XPS 谱图

从图 3-2(a) 中 XPS 全谱可以看出，除了载体 SiO_2 上所含有的 Si 和 O 元素、负载的 Fe 元素以及残留的少量 Na 元素之外，没有发现其他元素，这不但证明了 Fe 的成功负载，同时并没有观察到 N 1s 的吸收峰意味着缓冲溶液中所含的甘氨酸已经全部分解，不存在 N 的残留，也就没有铁-胺络合物的存在。在图 3-2(b) Fe 的 2p 分谱中，结合能在 710.6eV 处的 Fe $2p_{3/2}$ 吸收峰、结合能在 724.1eV 处的 Fe $2p_{1/2}$ 吸收峰，以及相应的位于 719.8eV 处的卫星峰共同表明 Fe 元素主要以 Fe(Ⅲ) 形式存在，而且主要存在于 Fe_2O_3 相中。至此可以得出催化剂以 Fe_2O_3/SiO_2 的形式存在。

3.2.3　酸式缓冲溶液制备催化剂的性能

由于苯酚在高级氧化中经常被用于模型污染物，因此在本研究中也被用于测试通过控制缓冲溶液法制备的催化剂活性。从图 3-3 可以看出，用 Fe-缓/SiO_2 活化的过氧化氢（H_2O_2）在 1h 内对苯酚的去除可达 89.3%，而相同条件下催化剂本身的吸附只能去除 5.4%，表明苯酚的去除完全由于催化引起。考虑到过氧化氢较强的氧化性，实验探究了过氧化氢本身对苯酚的氧化去除，发现只有 6.1%，因此可以确定催化剂优异的活性不是催化剂本身的吸附或过氧化氢自身的氧化作用引起，苯酚的去除完全归因于催化剂的高效催化作用。通过测试水溶液制备的样品 Fe-水/SiO_2，发现其对苯酚的去除不到 15.9%，显示出缓冲溶液制备法明显的优越性。

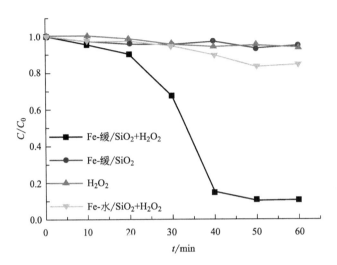

图 3-3　酸式缓冲溶液制备的催化剂催化降解活性

在通过缓冲溶液法制备催化剂 Fe-缓/SiO_2 时，SiO_2 浸渍在 Fe^{3+} 溶液中。由于浸渍过程为化学反应过程，因此浸渍温度、浸渍时间和缓冲溶液的 pH 值都对 $Fe(OH)_3$ 以及随后 Fe 活性组的形成分具有至关重要的作用，而这些最终影响催化剂的活性。浸渍过程中发生的反应为水解反应，根据化学热力学估算 25℃ 条件下焓变（ΔH）和吉布斯自由能变化（ΔG）分别为 72.99kJ/mol 和 11.12kJ/mol。很明显，该反应是一个吸热反应，升高温度有利于 $Fe(OH)_3$ 的形成。浸渍温度对催化去除苯酚的影响如图 3-4 所示，从图上可以看出，随着温度升高，去除率不断增大，在 80℃ 达到最佳，这是因为温度过低，反应速率过慢，浸渍不完全，因此活性较低。但是，当温度超过 80℃ 时，去除率开始下降，这是因为温度过高，水分蒸发过快，产生的气泡逸出反应体系，同时水的剧烈运动破坏了形成的沉淀。另一方面，沉淀物的溶解度随着温度升高也会持续增加，因此反应应保持在 80℃ 为宜。

反应时间对催化活性的影响如图 3-5 所示，随着浸渍时间从 0.5h 缓慢延长到 12h，发现过短的时间如 0.5h 以及过长的时间如 12h 都不利于活性组分的形成，最佳的浸渍反应时间为 2h。这一现象表明浸渍时间过

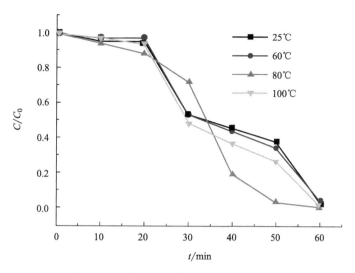

图 3-4　浸渍温度对催化去除苯酚的影响

短形成的活性组分量较少，不能高效催化反应进行，而过长的时间会使新形成的沉淀在搅拌条件下破坏，因此浸渍反应时间以 2h 为宜。

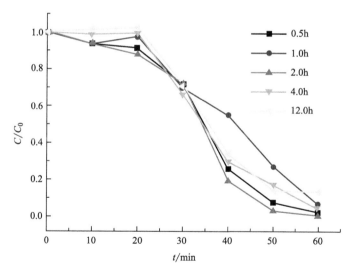

图 3-5　浸渍反应时间对催化活性的影响

由于反应过程中溶液的 pH 值通过缓冲溶液来控制，因此缓冲溶液的 pH 值对于活性组分的形成具有重要影响。当在缓冲溶液中混合 $Fe(NO_3)_3$ 和 SiO_2 时，Fe/SiO_2 的质量比达到 10%，Fe^{3+} 的浓度为 17.9mmol/L，因此根据溶度积公式 $K_{sp}[Fe(OH)_3] = [Fe^{3+}][OH^-]^3$，在 pH 值为 1.7 时，

Fe^{3+} 开始水解形成沉淀。假如当 Fe^{3+} 的浓度低于 1×10^{-6} mmol/L 时认为其沉淀完全，此时溶液 pH 值由于 Fe^{3+} 的减少而上升至 3.2。实际上，如果所有的 Fe^{3+} 都被沉淀，pH 值会迅速下降，因为在反应过程中大约 53.7mmol/L 的 OH^- 将被消耗。因此，如果要使 Fe^{3+} 沉淀完全且反应过程中缓冲溶液的 pH 值不致产生较大波动，缓冲溶液的 pH 值必须高于 3.2，同时考虑到 Fe^{3+} 与载体之间的静电吸附作用，则缓冲溶液的 pH 值在 4.2 之上为宜并且必须外加 OH^- 以减缓对缓冲溶液的影响。pH 值对制备催化剂去除苯酚的影响如图 3-6 所示，当 pH 值从 4.2 增加到 8.0 时，苯酚的催化去除率先增加然后降低，这是因为在较低的 pH 值下沉淀速率较为缓慢且沉淀不完全，而在较高的 pH 值下成核速率显著加快并且生成的纳米颗粒易于团聚，因此缓冲溶液的 pH 值控制在 7 左右为宜。

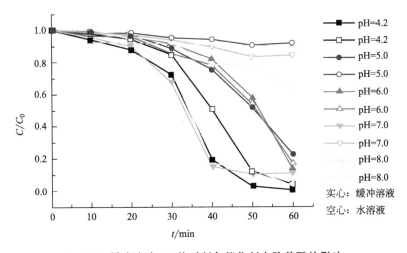

图 3-6　缓冲溶液 pH 值对制备催化剂去除苯酚的影响

3.2.4　酸式缓冲溶液制备催化剂的机制

使用精确控制缓冲溶液的方法来制备催化剂降解污染物包括 3 个过程。首先，在金属离子的水解沉淀与纳米颗粒的生长之间保持平衡，活性组分应当缓慢、均匀的生长而不是快速团聚。通过负载型方法制备铁基类芬顿催化剂非常常见，然而活性组分的团聚经常影响到催化作用的发挥。在本研究制备 Fe-缓/SiO_2 时，缓冲溶液中的金属前体（Fe^{3+}）与载体（SiO_2）表面上的末端羟基相互作用。SiO_2 的零电荷点（PZC）通常在 4.25 左右，当溶液的 pH 值处于 SiO_2 的零电荷点之上时，SiO_2 表面的羟基去质子化并因此带负电荷，因此溶液中的 Fe^{3+} 容易吸引到 SiO_2 表面发生反应。随后，Fe^{3+} 在缓冲溶液中水解并与 OH^- 反应形成 $Fe(OH)_3$ 沉淀，然后在空气中加热时转化为 Fe_2O_3。

其次，通过 XPS 证实在 SiO_2 载体上形成了 Fe_2O_3，实验研究也显示出其对苯酚的良好催化去除作用。实验已经证明，这种催化性能既不是来源于 SiO_2 载体也不是来自 PMS 自身的氧化，因此这可以归功在甘氨酸/盐酸缓冲溶液中形成的 Fe_2O_3。当然，由于研究使用了有机物甘氨酸来制备缓冲溶液，而 Fe 容易与有机物形成配合物或者螯合物，因此必须排除甘氨酸和 Fe 之间形成配合物的可能性。XPS 的表征结果未观察到 N1s 峰，表明甘氨酸和硝酸铁在焙烧后已完全分解，并没有铁胺配合物形成的证据。因此，可以完全排除缓冲溶液中有机物的影响。

第三，大量文献研究了分散性和纳米催化剂的尺寸与催化活性之间的关系，表明由于尺寸效应，具有较小尺寸和良好分散性的纳米催化剂往往具有较高的催化活性。在本研究中，通过缓冲溶液来控制均匀活性组分的形成。当缓冲溶液的 pH 值从 4.2 增加到 8.0 时，所有的样品均获得了理想的去除效果，而当 pH 值为 7.0 时去除效果最高。其中原因之一因为是较高的 pH 值下过多的 OH^- 不但会引发快速成核形成团聚状活性组分，同时会使载体发生溶解。根据上述理论，将溶液的 pH 值与沉淀之间的关系绘制成图（图 3-7）。

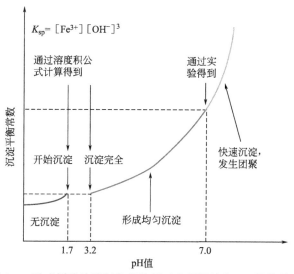

图 3-7 酸式缓冲溶液制备催化剂时金属沉淀与 pH 值的关系

3.3 碱式缓冲溶液法制备催化剂

3.3.1 碱式缓冲溶液制备催化剂的意义

实例一采用酸式缓冲溶液制备了铁基芬顿催化剂，取得了明显的促进效果。然而，这种方法是否有偶然性，换一种缓冲溶液是否适合，换一种沉淀金属是否适合等仍不得而知。为了验证缓冲溶液法的有效性，有必要通过碱式缓冲溶液另外制备一种金属催化剂。在高级氧化反应中，钴基催化剂对过一硫酸盐具有良好的活化作用，因此研究采用二氧化硅为载体，通过碱式缓冲溶液制备负载型钴基催化剂并对其性能进行考察。

3.3.2 碱式缓冲溶液制备催化剂的方法

首先配制 50mL 甘氨酸/氢氧化钠缓冲溶液置于圆底烧瓶中，然后加入 0.50g 的二氧化硅和 0.25g 前体硝酸钴，通过磁力搅拌使前体溶解并混合均匀，然后用滴定管缓慢滴加 10mL 氢氧化钠溶液，反应在 80℃ 油浴中进行。反应 2h 后，将固体样品过滤并用超纯水洗涤，然后在 105℃ 下干燥。得到的固体在马弗炉 500℃ 条件下焙烧 5h，最终的样品命名为 Co-缓/SiO_2。同时，以水溶液代替缓冲溶液制备了参比样品，命名为 Co-水/SiO_2。

3.3.3 碱式缓冲溶液制备催化剂的性能

用 Co-缓/SiO_2 活化的苯酚去除率在 1.0h 内达到 98.8%，在 20min 内甚至达到 95.4%（图 3-8），暗示了令人满意的催化活性。考虑到本研究中使用的载体二氧化硅是多孔材料而不是固体球，催化剂的吸附能力不可忽略。出乎意料的是，通过 Co-缓/SiO_2（不加 PMS）仅获得 2.3% 的苯酚去除率，对苯酚的不显著吸附可归因于孔结构。众所周知，当孔径与分子直径匹配时，微孔结构对有机物具有良好的吸附性。在本研究中，二氧化硅的孔径约为 6~8nm，属于介孔结构，而苯酚分子的尺寸为 0.54~0.46nm，孔径远大于苯酚分子的尺寸，因此吸附效果有限。事实上，介孔材料通常用于增加载体和负载金属之间的接触面积，以促进分散而不是吸附，因此催化剂非常微弱的吸附是可以理解的。

PMS 是两种过硫酸盐之一，具有不对称结构和较长的 O—O 键。一

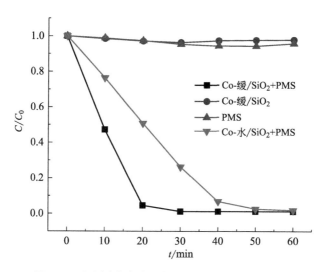

图 3-8　碱式缓冲溶液制备的催化剂催化降解性能

般来说，未经活化的 PMS 对有机物的氧化能力较低，所以研究了单独通过 PMS 去除的苯酚。如预期的那样，通过 PMS 氧化可以获得 4.3% 的苯酚去除率。上述信息表明，催化剂的优异活性并不是来源于载体本身的吸附或 PMS 的氧化能力，因此苯酚的去除可归因于催化作用。尽管如此，鉴于催化系统去除苯酚并不意味着矿化降解。文献报道各种形式的催化剂诱导的高级氧化体系去除苯酚，包括部分负载型金属催化剂，而其中一部分只是将苯酚转化为苯醌和氢醌等其他有机物，它们只是苯酚上的苯环部分断裂的产物。因此，污染物完全矿化和降解为二氧化碳和水才能代表降解反应的彻底性，可以通过总有机碳（TOC）去除来表示。为了便于总有机碳分析，苯酚的初始浓度增加到 100mg/L，因为低浓度不准确，如 10mg/L。在 2h 内总有机碳去除率高达 68.2%，而在相同条件下，不含缓冲溶液的样品（Co-水/SiO$_2$）总有机碳去除率仅为 33.6%（图 3-9）。结果不仅表明苯酚几乎被完全破坏，而且有相当一部分被矿化，同时也验证了本研究提出的制备方法的优越性。

　　由于本研究采用甘氨酸/氢氧化钠缓冲溶液制备催化剂，鉴于有机物尤其是还原性有机物的存在可能影响高级氧化反应体系的活性，探讨了制备过程中引入的有机物的影响。为此，制备了分散在超纯水中替代缓冲溶液的样品，并显示出相对较低的苯酚去除率，与用缓冲溶液制备的样品相比，需要两次以上才能实现相同的去除率，催化活性的提高可能归因于研

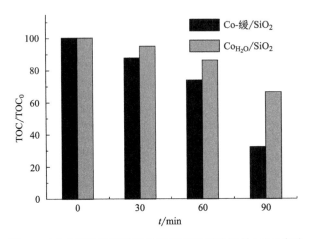

图 3-9 碱式缓冲溶液制备的催化剂对污染物的 TOC 去除

究中使用的缓冲溶液。在缓冲溶液中,金属在载体上的沉淀更加均匀,形成的纳米粒子具有较高的分散性,这可能导致较高的催化活性。此外,当样品分散在甘氨酸溶液中时(没有调节酸碱度),制备的样品仅获得 31.1% 的苯酚去除率。当甘氨酸水溶液取代甘氨酸/氢氧化钠缓冲溶液时,样品的活性降低,这可能是由于甘氨酸溶液提供的弱酸性抑制了钴离子的沉淀,因此催化剂的高活性是由缓冲溶液而不是溶液中的有机物引起。

3.3.4 碱式缓冲溶液制备催化剂的表征

含钴催化剂活化过一硫酸盐因其优异的性能而备受关注,尤其是在载体上负载 Co_3O_4 的催化剂。然而,有研究报道非均相催化剂在纳米粒子大小和分散性之间存在两难选择,因为这两个因素都与催化活性高度相关但是又互相制约,因此对缓冲溶液制备的催化剂结构进行了表征和分析。催化剂 Co-缓/SiO_2 显示出均匀平坦的表面形态(图 3-10),这可以归因于缓冲溶液的使用。根据纳米材料方面的研究,为了获得均匀的纳米层,可以在严格控制的缓冲溶液中形成均匀的纳米粒子,而不是快速团聚。因此,均匀和平坦的纳米层可以归因于缓冲溶液。相比之下,在参比样品 Co-水/SiO_2 中出现大量团聚体,这是因为在没有缓冲溶液控制的情况下,当氢氧化钠滴入水溶液中时钴离子迅速沉淀并成核,最终发生团聚。

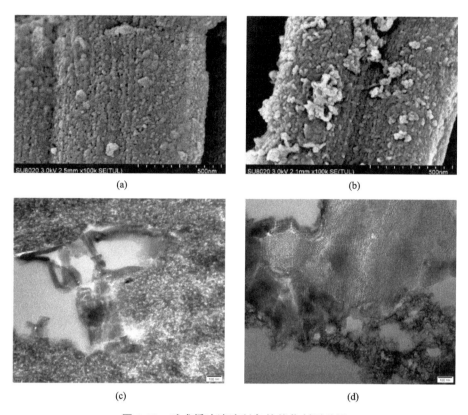

图 3-10 碱式缓冲溶液制备的催化剂形貌图

负载金属的化学成分可以通过 X 射线光电子能谱（XPS）来表征。除了二氧化硅中固有元素 Si 和 O 的峰外，还检测到了负载 Co 的峰。对于 Co 2p 的高分辨光谱，在 781.1eV 和 796.8eV 处的峰分别对应于 Co 2p3/2 和 Co 2p1/2（图 3-11）。此外，卫星峰位于 787.6eV 和 803.3eV，比 Co 2p 的主峰高约 6eV，表明 Co^{2+} 和 Co^{3+} 同时存在。同时，计算出的 Co 2p3/2 和 Co 2p1/2 的结合能差为 15.7eV，这也与 Co_3O_4 的结合能差一致，表明 Co_3O_4 在载体中成功形成。值得注意的是，在 XPS 光谱中没有观察到 N1s 峰，表明样品中没有甘氨酸的残留，因此排除了甘氨酸与钴形成络合物的可能性，这进一步支持了实验中其促进作用的是缓冲溶液而不是其中的有机物。

3.3.5 碱式缓冲溶液制备催化剂的性能

以上结果表明，缓冲溶液途径在形成高活性中起着重要作用，因此应

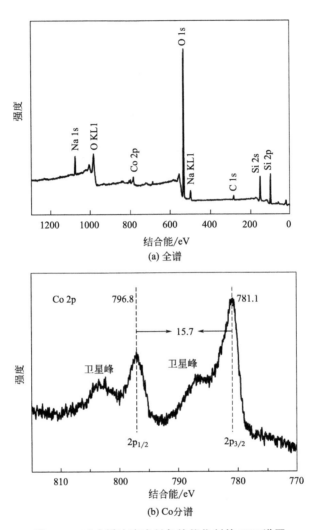

(a) 全谱

(b) Co分谱

图 3-11 碱式缓冲溶液制备的催化剂的 XPS 谱图

精确控制缓冲溶液的酸碱度。当 pH 值从 10.0 增加到 12.0，催化去除的苯酚先增加后减少（图 3-12）。这是因为在低碱度下沉淀速率比较缓慢，而在高碱性条件下成核速率可能非常快，生成的纳米粒子容易团聚。为了形成均匀的 Co_3O_4，缓冲溶液的酸碱度应保证在 11.0～12.0 之间。因此，为了实现均匀成核和纳米粒子生长之间的平衡，沉淀速率应该精确地控制在一定的范围内。pH 值高于 12.0 酸碱度没有继续研究，因为过高的碱性会导致载体二氧化硅的溶解。

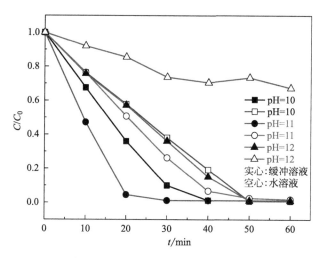

图 3-12 缓冲溶液的 pH 值对污染物催化降解的影响

如上所述，均匀纳米颗粒的形成需要严格控制缓冲溶液，而金属离子的沉淀过程消耗一定量的碱。因此，需要添加额外的碱，以避免浸渍反应发生时对缓冲溶液的影响。在研究中，为了减缓 Co^{2+} 沉淀对缓冲溶液的影响，将氢氧化钠缓慢滴入溶液中。当氢氧化钠在缓冲溶液中的体积范围从 2.0 mL 到 10.0 mL 时，制备所得催化剂的催化活性也增加了（图 3-13），这是因为随着沉淀的钴离子增加，形成的钴活性物种也相应地增加。

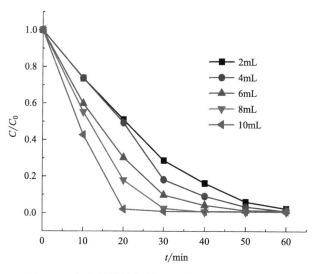

图 3-13 氢氧化钠滴加量对污染物催化降解的影响

由于化学反应的性质，除了酸碱度之外，浸渍温度和浸渍时间对金属沉淀的形成也有很大的影响。当浸渍温度从室温（25℃）升高到 100℃时，最高去除率发生在 80℃（图 3-14）。在浸渍过程中，根据化学热力学估算了反应的焓变和吉布斯自由能变化等热力学参数。在 25℃ 时，两者的结果分别为 90.16kJ/mol 和 74.63kJ/mol，可以推测该反应是一个吸热过程，提高温度有利于 $Co(OH)_2$ 的生成。然而。当温度超过 80℃ 时，水的剧烈蒸发和剧烈运动破坏了沉淀，此外在高温下沉淀的溶解度增加，因此沉淀的温度保持 80℃ 为宜。

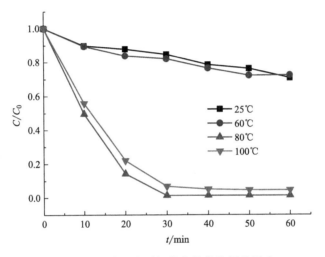

图 3-14　浸渍温度对污染物催化降解的影响

此外，浸渍反应需要时间来确保沉淀完成。随着浸渍时间从 0.5h 缓慢延长到 2h，可以观察到快速的苯酚去除（图 3-15）。但当浸渍时间增加到 4h，催化去除率不再增加，当浸渍时间为 12h，催化去除率甚至下降。这一现象表明，Co^{2+} 完全沉淀需要 2h，超过 2h 的时间可能破坏搅拌条件下形成的沉淀。Co^{2+} 沉淀的耗时与通过缓冲溶液途径形成的 Al_2O_3 纳米层一致，在该研究中，如果反应仅持续 30min，纳米层的厚度为 3nm，1h 时纳米层的厚度将增加到 4nm，沉淀反应逐渐减缓，2h 后结束。因此，在本研究中，反应时间 2h 适合 Co^{2+} 沉淀。

3.3.6　碱式缓冲溶液制备催化剂的机理

实验结果表明，缓冲溶液法对高活性均匀 Co_3O_4 的形成起着重要作

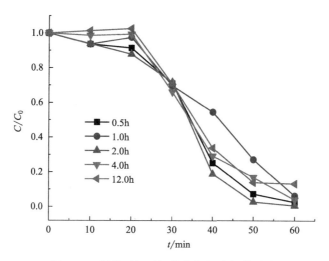

图 3-15　浸渍时间对污染物催化降解的影响

用，因此应精确控制缓冲溶液的 pH 值。在浸渍过程中，在缓冲溶液中，带电金属离子（Co^{2+}）和载体二氧化硅（SiO_2）表面的末端羟基之间具有相互作用。当 pH 值高于 SiO_2 的零电荷 4.25 时，SiO_2 表面的羟基去质子化，从而带负电，Co^{2+} 被吸引到 SiO_2 表面。尽管如此，实际上所有的 Co^{2+} 都以 $Co(H_2O)_6^{2+}$ 的形式存在，因为它在很宽的 pH 值和浓度范围内相当稳定。当 pH 值增加时，Co^{2+} 开始水解并与缓冲溶液中的 OH^- 反应。当钴/二氧化硅的质量比为 10%，根据溶度积公式，在 pH 值为 7.7 时开始形成沉淀。假设当 Co^{2+} 的浓度低于 1×10^{-6} mmol/L 时，Co^{2+} 完全沉淀，此时溶液的 pH 值由于 Co^{2+} 的减少而升高到 9.8。因此，为了 Co^{2+} 的完全沉淀，缓冲溶液的 pH 值应高于 9.8。此外，当浸渍反应发生时，如果所有的 Co^{2+} 都沉淀并且没有 OH^- 的补偿，则 pH 值迅速下降，因为在反应中消耗了约 34.0mmol/L 的 OH^-。因此，实验添加了额外的氢氧化钠以避免对缓冲溶液的影响。为了清楚地表明 pH 对反应的影响，沉淀反应与 pH 值之间的关系如图 3-16 所示。

　　由于缓冲溶液是 Co^{2+} 均匀沉淀的关键因素，实验研究了符合缓冲范围的其他缓冲溶液，以验证缓冲溶液的有效性。根据对 Co^{2+} 沉淀的 pH 值影响的分析，缓冲溶液的 pH 值范围应限制在 9.8～12.0 之间。考虑到 0.2mol/L 甲酸铵的 pH 值为 6.7，氨水的 pH 值为 13.7，因此甲酸铵/氨水可以提供 pH 值约为 11.0 的缓冲能力，通过甲酸铵/氨水缓冲溶液制备

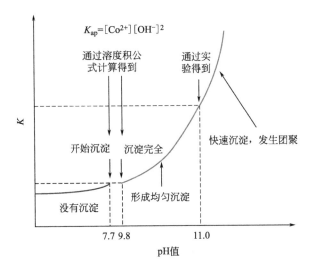

图 3-16 碱式缓冲溶液中沉淀反应与 pH 值之间的关系图

的 Co_3O_4 纳米催化剂实现了高效的苯酚去除，并且苯酚的催化降解高于不使用缓冲溶液的样品（图 3-17）。上述结果表明，研究提出的方法反应不受缓冲溶液类型的影响，因此在相应的缓冲范围内的缓冲溶液可用于制备催化剂。

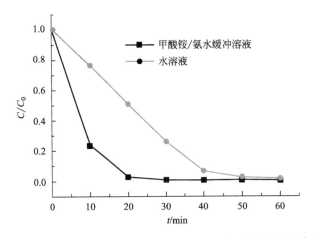

图 3-17 甲酸铵/氨水为缓冲溶液制备的催化剂催化降解污染物

本研究以苯酚为模型污染物，用制备的负载型 Co_3O_4 金属催化剂活化 PMS 去除有机污染物。然而，苯酚更容易通过活化 PMS 与生成的 $SO_4^-\cdot$ 和 $\cdot OH$ 反应，尤其是苯酚的阴离子形式可以通过单电子还原激活 PMS。这意味着苯酚在 PMS 活化反应中可能具有底物特异性。为了进一步探索负载型金属催化剂活化效果的适用性，选择了另一种有机污染物亚甲基蓝来验证催化剂的活性，因为亚甲基蓝的分子与苯酚有很大的不同，而且通常被用作高级氧化反应中的模型污染物。本法制备的催化剂在 10min 内对亚甲基蓝的去除率为 96.4%，明显优于不含缓冲溶液的样品（图 3-18），表明负载型金属催化剂对不同难降解污染物的降解表现出优异的活化效果。

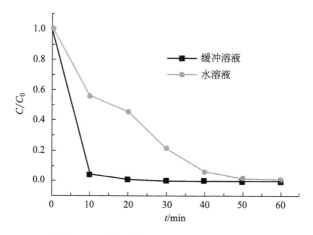

图 3-18　催化剂对亚甲基蓝的催化降解

3.4　缓冲溶液法制备催化剂的前景

实验研究确定了通过精确控制缓冲溶液制备负载型金属催化剂的方法，该方法的核心是在活性组分的非均相成核和纳米颗粒的生长之间保持平衡，实现缓慢生长而不是快速成核团聚。因此，使用缓冲溶液是实现纳米粒子均匀生长的简单但非常有效的方法。另一方面，二氧化硅是催化剂制备中应用最广泛的载体之一，SBA-15 和 MCM-41 是两种常见的介孔二氧化硅，它们具有高的比表面积和规则的孔道，非常适合制备负载型催化剂，这意味着研究提出的方法可能具有更大的应用前景。上述研究和讨论表明，研究提出的方法不仅为制备均匀的 Co_3O_4 负载型催化剂提供了一种新的方法，而且为制备其他负载型催化剂甚至在其他领域的应用提供了可能。

然而，研究提出的方法仍然局限于负载型金属催化剂的制备。事实上，尽管负载型金属催化剂有许多优点，但也有几个必须考虑的缺点，即在反应中催化剂的失活以及金属泄露可能导致的毒性增加。在 Co_3O_4/SiO_2 催化剂的循环实验中，发现使用两次之后催化活性出现明显下降，表明缓冲溶液法虽然能有效提高催化活性，但不能改善催化剂的稳定性，抑制金属组分的溶解。因此，从根本上解决这个问题，使用绿色友好的无金属催化剂如碳质材料可能是一个更好的选择。

参考文献

[1] Qiu L，Li H，Dai F，et al. Adsorption and photocatalytic degradation of benzene compounds on acidic $F\text{-}TiO_2/SiO_2$ catalyst [J]. Chemosphere，2020，246：125698.

[2] Qian L，Liu P，Shao S，et al. An efficient graphene supported copper salen catalyst for the activation of persulfate to remove chlorophenols in aqueous solution [J]. Chemical Engineering Journal：2019，360：54-63.

[3] Fang R，Huang W，Huang H，et al. Efficient MnO_x/SiO_2@AC catalyst for ozone-catalytic oxidation of gaseous benzene at ambient temperature [J]. Applied Surface Science，2019，470：439-447.

[4] Sun T，Li Y，Cui T，et al. Engineering of coordination environment and multiscale structure in single-site copper catalyst for superior electrocatalytic oxygen reduction [J]. Nano letters，2020，20（8）：6206-6214.

[5] Ren Y，Shi M，Zhang W，et al. Enhancing the Fenton-like Catalytic Activity of $n\,Fe_2O_3$ by MIL-53（Cu）Support：A Mechanistic Investigation [J]. Environmental Science & Technology，2020，54（8）：5258-5267.

[6] Feng Y，Lee P H，Wu D，et al. Surface-bound sulfate radical-dominated degradation of 1，4-dioxane by alumina-supported palladium（Pd/Al_2O_3）catalyzed peroxymonosulfate [J]. Water Research，2017，120：12-21.

[7] Zhuang Y，Yuan S，Liu J，et al. Synergistic effect and mechanism of mass transfer and catalytic oxidation of octane degradation in yolk-shell Fe_3O_4@C/Fenton system [J]. Chemical Engineering Journal，2020，379：122262.

[8] Gogoi A，Navgire M，Sarma K C，et al. Fe_3O_4-CeO_2 metal oxide nanocomposite as a Fenton-like heterogeneous catalyst for degradation of catechol [J]. Chemical Engineering Journal，2017，311：153-162.

[9] Machniewski P，Bin A，Klosek K. Effectiveness of toluene mineralization by gas-phase oxidation over Co（Ⅱ）/SiO_2 catalyst with ozone [J]. Environmental Technology，2020，1-8.

[10] Xu H，Zhang Y，Li J，et al. Heterogeneous activation of peroxymonosulfate by a biochar-supported Co_3O_4 composite for efficient degradation of chloramphenicols [J]. Environmental Pollution，2020，257：113610.

[11] Khan M a n, Klu P K, Wang C, et al. Metal-organic framework-derived hollow Co_3O_4/carbon as efficient catalyst for peroxymonosulfate activation [J]. Chemical Engineering Journal, 2019, 363: 234-246.

[12] Mehrabadi B a t, Eskandari s, Khan u, et al. A review of preparation methods for supported metal catalysts [J]. Advances in Catalysis, 2017: 1-35.

[13] Sun J, Ge C, Yao X, et al. Influence of different impregnation modes on the properties of $CuOCeO_2$/γ-Al_2O_3 catalysts for NO reduction by CO [J]. Applied Surface Science, 2017, 426: 279-286.

[14] Chong S, Zhang G, Zhang N, et al. Preparation of FeCeOx by ultrasonic impregnation method for heterogeneous Fenton degradation of diclofenac [J]. Ultrason Sonochem, 2016, 32: 231-240.

[15] Di L, Zhang J, Zhang X. A review on the recent progress, challenges, and perspectives of atmospheric-pressure cold plasma for preparation of supported metal catalysts [J]. Plasma Processes and Polymers, 2018, 15 (5): 1700234.

[16] Ndolomingo M J, Bingwa N, Meijboom R. Review of supported metal nanoparticles: synthesis methodologies, advantages and application as catalysts [J]. Journal of Materials Science, 2020, 55 (15): 6195-6241.

[17] Soni Y, Pradhan S, Bamnia M K, et al. Spectroscopic evidences for the size dependent generation of Pd species responsible for the low temperature CO oxidation activity on Pd-SBA-15 nanocatalyst [J]. Applied Catalysis B-Environmental, 2020, 272: 118934.

[18] Abdullah N, Ainirazali N, Chong C C, et al. Effect of Ni loading on SBA-15 synthesized from palm oil fuel ash waste for hydrogen production via CH_4 dry reforming [J]. International Journal of Hydrogen Energy, 2020, 45 (36): 18411-18425.

[19] Chang M, Liu X, Ning P, et al. Removal of toluene over bi-metallic Pt-Pd-SBA-15 catalysts: Kinetic and mechanistic study [J]. Microporous and Mesoporous Materials, 2020, 302: 110111.

[20] Chen W, Bao Y, Li X, et al. Role of Si-F groups in enhancing interfacial reaction of Fe-MCM-41 for pollutant removal with ozone [J]. Journal of Hazardous Materials, 2020, 393: 122387.

[21] Jiang M, Tuo Y, Cai M. Immobilization of copper (Ⅱ) on mesoporous MCM-41: a highly efficient and recyclable catalyst for tandem oxidative annulation of amidines and methylarenes [J]. Journal of Porous Materials, 2020, 27 (4): 1039-1049.

[22] Niu C, Xia M, Chen C, et al. Effect of process conditions on the product distribution of Fischer-Tropsch synthesis over an industrial cobalt-based catalyst using a fixed-bed reactor [J]. Applied Catalysis A-General, 2020, 601: 117630.

[23] Wang C, Jia S, Zhang Y, et al. Catalytic reactivity of Co_3O_4 with different facets in the hydrogen abstraction of phenol by persulfate [J]. Applied Catalysis B-Environmental, 2020,

270：118819.

[24] Ling C K，Zabidi N a m，Mohan C. Synthesis and characterization of silica-supported cobalt nanocatalysts using strong electrostatic adsorption [J]. Journal of Applied Sciences，2011，11 (7)：1436-1440.

[25] Lv C，Liang H，Chen H，et al. Hydroxyapatite supported Co_3O_4 catalyst for enhanced degradation of organic contaminants in aqueous solution：Synergistic visible-light photo-catalysis and sulfate radical oxidation process [J]. Microchemical Journal，2019，149：103959.

[26] Zhang L，Yang X，Han E，et al. Reduced graphene oxide wrapped Fe_3O_4-Co_3O_4 yolk-shell nanostructures for advanced catalytic oxidation based on sulfate radicals [J]. Applied Surface Science，2017，396：945-954.

[27] Lorenc Grabowska E. Effect of micropore size distribution on phenol adsorption on steam activated carbons [J]. Adsorption-Journal of the International Adsorption Society，2016，22 (4-6)：599-607.

[28] Li X，Liu W，Ma J，et al. High catalytic activity of magnetic FeO_x/NiO_y/SBA-15：The role of Ni in the bimetallic oxides at the nanometer level [J]. Applied Catalysis B-Environmental，2015，179：239-248.

[29] Tang L，Liu Y，Wang J，et al. Enhanced activation process of persulfate by mesoporous carbon for degradation of aqueous organic pollutants：Electron transfer mechanism [J]. Applied Catalysis B-Environmental，2018，231：1-10.

[30] Bandosz T J，Policicchio A，Florent M，et al. Solar light-driven photocatalytic degradation of phenol on S-doped nanoporous carbons：The role of functional groups in governing activity and selectivity [J]. Carbon，2020，156：10-23.

[31] Ye Z，Sires I，Zhang H，et al. Mineralization of pentachlorophenol by ferrioxalate-assisted solar photo-Fenton process at mild pH [J]. Chemosphere，2019，217：475-482.

[32] Hou X，Huang X，Jia F，et al. Hydroxylamine promoted goethite surface Fenton degradation of organic pollutants [J]. Environmental Science & Technology，2017，51 (9)：5118-5126.

[33] Bourikas K，Kordulis C，Vakros J，et al. Adsorption of cobalt species on the interface, which is developed between aqueous solution and metal oxides used for the preparation of supported catalysts：a critical review [J]. Advances in Colloid and Interface Science，2004，110 (3)：97-120.

[34] Lee J，Von Gunten U，Kim J-H. Persulfate-based advanced oxidation：critical assessment of opportunities and roadblocks [J]. Environmental Science & Technology，2020，54 (6)：3064-3081.

[35] Kurniawan T A，Mengting Z，Fu D，et al. Functionalizing TiO_2 with graphene oxide for enhancing photocatalytic degradation of methylene blue (MB) in contaminated wastewater [J]. Journal of Environmental Management，2020，270：110871.

第4章

负载型金属催化剂在化工方面的应用

4.1 概述

近半个世纪以来，催化剂的发展十分迅速，已被广泛应用于石油化工、制药、环境工程和精细化工工业。催化提供了迄今为止最有效的技术，能够加快化学反应速率，使大规模生产化工产品在经济上成为可行。催化剂的主要任务是提供适当的热力学控制机制形成特定的化工产品，因此选择性地控制对于任何化工产品的成功生产至关重要。作为催化剂的核心，金属活性组分无疑起着至关重要的作用，决定了化学反应能否实现以及实现的程度。然而，单纯以金属活性组分作为催化剂在实际应用中面临许多困难，例如活性组分团聚导致的催化活性较低、金属烧结和熔融导致的催化剂失活、活性组分硬度不够导致的机械磨损较大、活性组分形成的纳米颗粒粒径过小难以回收利用等，使得将金属活性组分固定在载体上制备成负载型金属催化剂变得非常必要。在某些情况下，载体本身具有的多孔结构可以起到筛选反应物进出从而控制反应进程和反应途径的作用，对反应的选择性甚至超过了金属活性组分的重要性。因此，有必要对负载型金属催化剂在工业上的应用加以介绍，对相关研究及技术开发具有重要的理论意义和工业应用前景。

4.2 负载型金属催化剂的主要应用

4.2.1 费托合成

费托合成是煤间接液化技术之一，可简称为 FT 反应，它以合成气（CO 和 H_2）为原料在催化剂和适当反应条件下合成以石蜡烃为主的液体燃料的工艺过程。费托合成反应可以将合成气转化为超纯液态燃料以及其他化学品，目前工业上多采用钴和铁作为活性金属制备负载型金属催化剂。相比钴催化剂，铁基催化剂价格更便宜，且 CH_4 副产物较少、烯烃选择性高。此外，铁基催化剂在高温下具有优异的水汽变换活性，可以使用低氢碳比的煤基合成气直接进行反应。γ-Al_2O_3、SiO_2 等氧化物与活性组分 Fe 之间存在较强的相互作用，导致 Fe 物种难以被还原和碳化，因而催化活性不高。碳材料具有可观的比表面积以及可调的孔道结构，且与活性组分 Fe 之间相互作用，是费托反应理想的载体材料

碳材料种类繁多，目前在铁基费合成研究中被主要应用的有活性炭（AC）、碳纳米纤维（CNF）、石墨烯（Graphene）、碳微球（CS）、碳纳米管（CNT）及新型介孔碳等载体。碳材料的孔道结构、表面酸碱性以及与活性物种之间的相互作用均可影响活性物种的分散、还原以及反应物和产物的吸脱附，进而影响催化反应性能。活性炭比表面积大、孔结构发达、价廉，其含有的灰分组成复杂，对费托反应可能起促进作用，也可能起毒化作用。通过研究活性炭种类对 Fe/AC 催化剂反应性能的影响，结果发现椰壳基活性炭制备的催化剂其活性和液相产物收率均要高于煤基活性炭，这可能是由于煤基活性炭中的杂质太多影响了费托反应活性。碳纳米纤维、碳纳米管、碳微球等碳材料纯度高、表面性质可调、形貌可控，且与 Fe 的相互作用较弱，因而在费托反应中常被作为模型载体来揭示金属颗粒尺寸、助剂等要素与反应性能之间的内在联系。以 Fe/CNF 为模型催化剂研究了 Fe 在费托制 C_2～C_4 烯烃反应中的尺寸效应和助剂效应，研究发现铁颗粒尺寸较小时有利于提高催化活性，但 CH_4 选择性高。

碳纳米管独特的管状弯曲结构在一定程度上会导致 π 电子云畸变，并使得管内缺电子而管外富电子。碳纳米管这种独特电子结构能够改变金属纳米颗粒的某些特性，从而可以调节其催化性能。当 Fe_2O_3 纳米颗粒限域在碳纳米管管内时，可以显著降低 Fe_2O_3 的还原温度，并发现限域在管内的铁物种更易被碳化，从而可提高费托反应活性和烃类收率。以 CMK-3 为载体制备出高分散、高负载量的 Fe_5C_2@CMK 催化剂，在费托反应中表现出优异的催化活性和 C_5～C_{12} 组分选择性。采用溶胶凝胶的方法合成了球形介孔碳和氮掺杂介孔碳，并将其作为载体采用简单的超声辅助浸渍法成功合成了负载质量分数超过 40% 的铁基负载型费托反应催化剂，能够显著提高催化剂的金属负载量，成功解决了一般负载型催化剂由于负载量较低而在低温条件下费托反应活性较低的问题。

由于碳材料呈化学惰性且亲水性差，一般很难将活性组分均匀分散在载体表面或完全限域在孔道内。尽管碳材料表面改性虽可部分解决此问题，但总体提升效果有限。随着材料科学的发展，各种新型制备方法涌现，可以直接合成含铁有机复合物，并通过热解可以制备出分散均匀和完全包覆的 Fe/C 催化剂，而且通常催化性能表现优异。以葡萄糖和硝酸铁为原料，通过水热一步法在温和条件下得到了碳包覆结构 Fe_xO_y@C 微球，得益于碳基质的保护作用，在经过 108h 的费托反应后铁物种颗粒仅从 7nm 增长到 9nm，表现出优越的催化稳定性，且无需其他助剂时，$C_5 \sim C_{12}$ 组分产物选择性可达到 40%。

4.2.2　催化加氢

负载型贵金属催化剂在加氢过程中的应用较为广泛。采用 Pt/C 催化剂，在 85℃，1.0～1.3MPa 氢气压力下以对氯邻硝基乙酰苯胺为原料，加氢合成 6-氯-2-羟基喹啉，总收率 89.6%。采用雷尼镍、Pd/C、Pt/C 等为催化剂，由对叔丁基酚液相催化加氢合成顺式对叔丁基环己醇，其中 Pt/C 催化剂效果较好，对叔丁基酚转化率 100%，对叔丁基环己醇收率＞98%，顺式对叔丁基环己醇选择性＞75%。采用三种不同酸性的 β 分子筛载体实现催化剂负载 Pt，进行苯酚类物质加氢脱氧反应的对比研究时发现，载体强酸位的减少迫使缩环反应减弱，提供较高的甲基环己烷的选择性，因此选择酸量较低的 β 分子筛载体制备出的催化剂，用于间甲基苯酚加氢脱氧的活性反而越高。

脂族和芳族烃、醛、酯、硝基化合物、腈和亚胺的氢化可通过使用金属负载的活性炭来进行。然而，与其他官能团的氢化相比，芳环的氢化需要更严格的条件。在活性炭负载的钯的水溶液中，苯酚可氢化为环己醇，可用于废水的处理以及香料和制药工业的中间体的制备。贵金属（Pt，Pd，Ru 或 Rh）负载的活性炭已用于将酯、羧酸和醛还原为它们各自的醇。镍负载的活性炭可用于制备用于生物活性化合物和天然产物合成的化合物。胺是染料、橡胶化学品、氨基甲酸酯和几种药物产品的基本原料，可以通过相应的硝基化合物在钯负载的活性炭上的催化加氢来制备胺。

超临界二氧化碳可能是催化液相加氢的替代溶剂。负载型金属催化剂用于在有机溶剂中氢化，但是有几种金属无法在超临界二氧化碳溶剂中氢化。铂在商业上用作液相加氢催化剂，然而活性铂表面在超临界二氧化碳中氢化期间会迅速中毒，这使得负载的铂催化剂不适合在超临界二氧化碳溶剂中氢化。同样，镍对于液相加氢具有活性，但是活性镍金属表面在超临界二氧化碳中迅速被氧化成碳酸盐种类，因此负载型镍催化剂在超临界二氧化碳溶剂中的活性不高。经过研究，发现在超临界二氧化碳中芳族化合物氢化时铑的活性最高。

4.2.3 生物质转化

通过化学转化和生物发酵等方法，可以将木质纤维素、糖、油脂等生物质转化为现代社会所需的燃料和化学品，这些产品包括生物汽油、生物柴油和生物乙醇以及生物质基高分子聚合物单体、药物中间体等。化学转化的常见反应包括催化水解、热解、气化、加氢、氧化等。

木质素最早的氧化处理是用于造纸，在纸浆的漂白中氧化降解木质素。通过光催化氧化木质素，主要使用 TiO_2 或者是固载的催化剂 Pt/TiO_2 在紫外线的照射下能很好地降解木质素。除了氧化物，用介孔碳材料制备的负载金属催化剂也已被应用到纤维素水解转化。由 $RuCl_3$ 制备的 Ru/CMK-3 催化剂，将纤维素水解为葡萄糖，产率为 31%。纤维素的转化率为 68%，对葡萄糖的选择性为 47%，其他产物包括水溶性低聚糖、果糖、甘露糖、左旋葡聚糖、5-HMF 和糠醛等。在 Ru、Rh、Ir、Pd、Pt 和 Au 几种金属中，Ru 的催化活性最强，且 Ru/CMK-3 催化剂可重复使用至少 5 次而不会损失 Ru 的催化活性或发生金属浸出。

4.2.4 甲烷重整

氢气作为高效、洁净的二次能源将成为未来社会的主要能源之一，甲烷重整是一种被广泛使用的经济、高效的制氢工艺。甲烷为原料重整制氢主要包括水蒸气重整、二氧化碳重整和部分氧化重整。然而，这几种重整反应都是在催化剂的表面完成，因此催化剂是重整工艺中的关键，直接影响着甲烷的转化率以及氢气的产率。甲烷水蒸气重整是目前工业上较成熟的制氢工艺，也是最简单和最经济的制氢方法。在生产氨水、甲醇以及其他化工产品过程中，所需要的氢均由水蒸气重整制得。Ni/Al_2O_3 是该工艺中最常用的催化剂，其甲烷转化率达 90%～92%，为防止催化剂表面积碳，通常加入助剂，从而抑制催化剂表面碳的形成。

甲烷二氧化碳重整不仅在 CO 生产方面具有重要意义，而且在处理

050

CO_2 方面也具有重要意义。目前，CO_2 重整用催化剂有负载型贵金属催化剂和过渡金属催化剂两种。负载型贵金属催化剂是以 Al_2O_3、TiO_2、ZrO_2 等为载体，负载 Ru、Rh、Ir、Pd 等贵金属的催化剂；过渡金属催化剂是以 Al_2O_3、SiO_2、CeO_2-ZrO_2 等为载体，负载 Fe、Co、Ni、Cu 等过渡金属的催化剂。

甲烷部分氧化重整是一个温和的放热反应，与传统的蒸气重整相比，它的反应体积小、效率高、能耗低，能显著降低设备投资和生产成本。甲烷部分氧化工艺中常用的催化活性金属有第Ⅷ族金属 Fe、Co、Ni 和贵金属 Pd、Rh、Ru 等，常用载体主要是 Al_2O_3、ZrO_2 等，常见助剂为过渡金属、稀土金属、碱金属以及碱土金属等。在催化氧化重整中，$750\sim 800℃$ 时甲烷平衡转化率可达 90％以上，CO 和 H_2 的选择性达 95％。

4.2.5 CO 氧化

最早的用于汽车尾气的粒状和球状贵金属催化剂是由美国科学家在 20 世纪 70 年代初研制出的，以 Pt 和 Pd 为活性组分，由于其对汽车尾气排放法中限制的 CO 和 HC 催化效果显著，因此成功应用于汽车尾气催化转化器，并迅速在世界范围内得到广泛使用。CO 低温催化氧化是负载型金属催化剂最重要的应用之一，除了尾气催化燃烧和室内空气净化方面外，并有望应用于 CO 防毒面罩、CO 气体传感器及封闭内循环式 CO_2 激光器等新的技术领域。以 Fe_2O_3 为载体，用共沉淀法制备出负载型纳米金催化剂，该催化剂对 CO 的催化氧化表现出较高活性，在约 273K 即可完全消除 CO。除 Fe_2O_3 外，适用于 CO 低温催化氧化体系的载体主要以金属氧化物和分子筛类为主，该反应对水汽不敏感，即使在高湿度的常温环境中也能够连续数天催化氧化 CO 不衰减。在真空反应体系下制备了不同金含量的高度分散的 Au/TiO_2 低温 CO 氧化催化剂。研究结果表明，金颗粒度随金含量的增加而增大，直径分布范围窄（一般为 $1.8\sim 3.5nm$），其中金颗粒度为 1.8nm 的 Au/TiO_2 催化剂在 323K 时表现出最高的活性。

4.2.6 燃料电池

铂（Pt）催化剂最具代表性的应用就是在燃料电池催化领域，它能电催化氧化燃料中的甲醇、甲醛和甲酸等有机化合物。将 Pt 负载在多孔材料上用于燃料电池取得了极大的成功。分别以碗状多孔石墨与未石墨化的多孔碳为载体，制备出 Pt 负载催化剂，经过电化学测试，单一金属 Pt 负载的多孔石墨催化甲醇氧化过程的峰电流密度是商业 Pt/C 的 2.87 倍，是 Pt 负载多孔碳的 1.12 倍，并且对催化剂的稳定性和抗毒化性能有显著的提升。考察了 CMK-3 负载 Pt 纳米粒子在氧化还原反应上的催化活性，负载材料对于氧还原反应具有较好电催化活性，有望成为燃料电池电极的最佳材料。采用原位硬模板法制备了 Pt 纳米粒子镶嵌于介孔碳墙壁中的负载型催化材料，通过甲醇燃料电池考察催化性能，发现此类催化材料在甲醇燃料电池阴极催化反应中表现出良好抗甲醇性能。采用原位硬模板法制备了 Pt@C/MC 复合物，由于 Pt 纳米粒子被一层微孔碳包覆，导致金属活性中心只能与氧接触，而渗透的甲醇不能穿透使其活性降低，因此，这种杂化材料在甲醇燃料电池的电催化氧还原反应中具有较好耐甲醇性能。将合成的 Pt-OMC 催化材料用于氢氧燃料电池的氧化还原反应，表现出较好催化活性和耐久性。发现这种较好催化活性和耐久性是由于 Pt 纳米粒子与介孔碳之间强作用力可有效避免 Pt 纳米粒子在介孔碳载体上迁移或团聚而致。

在燃料电池中，由于阳极 Pt 电极在痕量 CO 存在下容易失活，故质子交换膜燃料电池需在纯 H_2 下操作，因此，在大量 H_2、CO_2 和 H_2O 存在下，催化剂必须能够在不氧化 H_2 的前提下将 CO 氧化至其含量低于 5ppm。通常燃料电池氧化 CO 是在常压、70～80℃下进行，而 MOFs 材料的结构稳定性可以完全满足这一要求。由于 ZIF-8 具有热稳定性高、孔道孔径大、比表面基大的特点，通过简单的固体研磨法将 Au 纳米粒子成功负载到 ZIF-8 上得到 Au@ZIF-8 负载型催化剂，并首次用于催化氧化 CO，实验证明 CO 的催化活性随之增强。

4.2.7 氢能储存

利用储氢化合物分解或水解反应产氢是开发氢清洁能源的一条重要途径，催化硼氢化物水解反应产氢具有反应条件温和、氢气纯度高和反应副产物偏硼酸盐毒性低等特点，近年来受到广泛关注。目前，用于催化硼氢化物水解制氢反应的催化剂种类繁多，负载型金属催化剂由于稳定性好、催化效率高、催化反应易控制及催化剂易分离等诸多优点而被广泛应用。研究了不同负载型金属催化剂催化硼氢化钠水解产氢性能，结果显示 Ru、Rh、Pt 等贵金属和 Fe、Co、Ni 非贵金属催化剂均显现较高的催化活性，但价格低廉的非贵金属催化活性显著低于贵金属催化剂。非均相金属催化剂结构观测结果表明，活性金属组分通常呈现纳米尺度结构特征，金属颗粒粒径对其催化活性和效率有显著性影响。通过载体负载金属颗粒有利于减缓团聚速度进而增强催化剂的稳定性，此外负载的金属催化剂还可与载体协同作用提高催化剂活性和稳定性。已有研究表明，二氧化硅载体负载的金属催化剂对硼氢化物水解产氢反应具有优良的催化性能。

在氢能储存研究中，发现环己烷的储氢密度为 7.2%（质量分数），超过美国能源部对于车载系统储氢密度的终极要求 [6.5%（质量分数）]，非常适合作为车载储氢介质。在使用的时候，环己烷脱氢产生氢气。制备了一系列 Ni-Cu/SiO$_2$ 催化剂，用于活塞流反应器中的环己烷脱氢反应，在 350℃ 下有 94.9% 的环己烷转化率和 99.5% 的苯选择性，这跟 Ni-Cu 纳米颗粒较窄的粒径分布和 Ni、Cu 的均匀分布有关。

4.2.8　VOCs 去除

挥发性有机化合物（VOCs），主要包括烷烃、烯烃、醛类、酮类、醇类、芳香化合物、卤代烃等。研究表明，大多数 VOCs 有毒，有气味，甚至还有"三致"效应，对人类的生产生活及人体健康产生极大的危害。催化氧化是一种低温处理挥发性有机物的有效措施，理想情况下 VOCs 分子在催化剂作用下可被完全氧化热解为 CO$_2$ 和 H$_2$O。沸石负载型催化剂通常由催化活性组分及沸石载体组成，常用的 VOCs 催化剂主要为贵金属、非贵金属氧化物、钙钛矿类催化剂及其复合多相催化剂。催化活性组分被制成负载型后，自身分散性和催化活性得到提高，而沸石载体则可提供有效的表面和适宜的孔结构，降低活性组分的团聚，并增强催化剂的机械强度，因此，沸石负载型催化剂已被广泛用于吸附-催化氧化协同处理各种 VOCs 分子污染物。在 MgO、Al$_2$O$_3$ 和多种沸石上负载 Pt，研究了它们对丙烷的催化氧化，发现以各类沸石为载体的催化剂活性明显优于 MgO、Al$_2$O$_3$ 基负载型催化剂，这种优异的催化活性归于沸石对丙烷的吸附性能，而且沸石表面酸度对催化剂活性影响较小。

近年来，介孔硅材料由于具有较大的比表面积，均一的且在纳米尺寸上连续可调的孔径，从一维到三维的有序孔道结构，表面基团可官能化等一系列优点受到了广泛关注，成为材料领域的研究热点。研究发现，利用介孔硅材料的宏观形貌和微孔结构，可以吸附较多的 VOCs，因此介孔硅材料的表面环境及孔道结构都决定了其成为优异的催化去除 VOCs 的载体材料。氧化硅作为惰性载体，反应活性主要与金属活性组分的粒子尺寸和价态有关，介孔硅材料的有序规则孔道能够限域粒子，在防止粒子聚集方面起到了决定性的作用，很大程度上提高了 VOCs 的去除效率。尽管如此，实现金属粒子或合金粒子在孔道内的定向组装，提高单原子效率，需要进一步研究。除此之外，对于甲醛、甲苯在催化剂上的反应机理研究较多，而对于复杂分子二甲苯、萘、乙酸乙酯的反应机理研究较少，特别是在多组分 VOCs 共存的条件下，研究介孔硅材料及其负载型催化剂上的反应物分子的扩散、吸附、活化和反应机制以及生成物分子的脱附，为从源头上设计改进去除 VOCs 负载型金属催化剂制备具有重要意义。

参考文献

[1] 程杨，孟凡会，李忠．费托合成中碳载体负载铁催化剂研究进展 [J]．天然气化工（C1 化学与化工），2019，44（1）：113-117.

[2] 姜保成，姜澜．负载型铂族金属催化剂研究进展 [J]．贵金属，2018，39（S1）：132-136.

[3] 孟庆泉，叶青松，刘伟平，等．负载型贵金属催化剂在药物合成中的应用 [J]．贵金属，2012，33（3）：78-82.

[4] 魏桂涓．负载型贵金属基复合催化剂的制备与应用研究 [D]．青岛：中国石油大学（华东），2016.

[5] 李霖，曾利辉，高武，等．负载型纳米金催化剂的研究进展 [J]．工业催化，2017，25（12）：14-19.

[6] 刘少文，李永丹．甲烷重整制氢气的研究进展 [J]．武汉化工学院学报，2005，27（1）：20-24.

[7] 杨修春，韦亚南．甲烷重整制氢用催化剂的研究进展 [J]．材料导报，2007，21（5）：49-52.

[8] 王海艳，严新焕，李瑛．介孔碳材料及其负载金属催化剂的制备及应用研究进展 [J]．工业催化，2011，19（4）：1-6.

[9] 付佳伟．介孔碳负载纳米金催化剂的合成及应用 [D]．上海：上海师范大学，2018.

[10] 郭瑞梅，白金泉，张恒，等．金属-有机骨架材料在催化氧化反应中的应用 [J]．化学进展，2016，28（2）：232-243.

[11] 王瑞，黄新松，刘天赋，等．金属有机框架用于一氧化碳氧化 [J]．高等学校化学学报，2020，41（10）：2174-2184.

[12] 石静，陈丹，沈华瑶．双金属催化剂去除 VOCs 研究进展 [J]．化工环保，2020，40（2）：118-124.

第5章

负载型金属催化剂在高级氧化方面的应用

5.1 高级氧化技术

高级氧化技术（AOPs）是一种以羟基自由基（·OH）为主要氧化剂的有机废水处理技术。·OH 具有极强的氧化能力，其氧化电势高达 2.80V，仅次于氟单质（F_2，2.87V）。除此之外，它可以作为反应的中间产物诱发后面的链反应，从而持续不断的使有机物由大分子变为小分子，直至完全矿化为二氧化碳、水和无害无机物及残留的少量小分子有机酸。·OH 没有选择性，能攻击不同有机物使其发生降解，不会出现多种污染物存在时互相干扰的情形，这是普通化学氧化法所不能达到的，因此具有较高的 COD 和 TOC 去除效果。高级氧化技术在染料废水处理中可单独使用，也可与物理、生物处理过程相配合，如作为生化处理的预处理，具有很好的应用前景。目前，得到广泛研究及应用的高级氧化技术包括湿式氧化技术、芬顿氧化技术、臭氧氧化技术、光催化氧化技术以及过硫酸盐氧化技术等。

5.2 负载型金属催化剂在湿式高级氧化方面的应用

5.2.1 湿式氧化技术

湿式氧化技术是以空气或氧气为氧化剂，在高温（125~320℃）和高压（0.5~20MPa）下，将废水中的有机物氧化分解为无机物或小分子有机物的技术。温度越高，化学反应速率也快，而且可以减小液体的黏度，增加氧气的传质速率。压力是为了保证氧的分压维持在一定范围内，确保液相中有较高的溶解氧浓度。与其他化学氧化技术相比，此技术处理容量大、效率高，适用于高浓度有机废水的处理，但是反应需要在高温高压下进行，对设备要求高、能耗大，使其推广和应用受到了一定程度的限制。

5.2.2　负载型金属催化剂在湿式氧化方面的应用

为了降低湿式氧化法所需要的温度和压力，在传统的湿式氧化处理体系中，加入催化剂以提高反应体系的氧化分解能力，称之为催化湿式氧化技术。在催化剂的作用下，有机物的降解时间缩短，效率大大提高，尤其是 COD 去除率较高。

在水滑石结构的 Mg-Al 混合氧化物上负载 Ni 催化剂并将其用于湿空气氧化，通过比较使用催化剂和不使用催化剂时染料结晶紫的脱色率和总有机碳（TOC）去除率，发现相同温度（150℃）和压力（50bar，1bar－10^5Pa）下催化剂能大大提高染料的降解效果，反应时间也大大缩短。计算表明，湿空气氧化时活化能为 81.38kJ/mol，而使用催化剂后只有 11.15kJ/mol，揭示了催化过程的高效。尽管 Ni/MgAl 催化剂展示了催化剂对于湿式氧化的有效性，但是温度和压力仍然比较高，催化剂的用量也高达 5g/L。另一方面，铜基催化剂已经在降解非染料有机物上表现出良好的催化降解效果（压力降至 0.8MPa）。受到启发，将铜基催化剂 CuO/γ-Al$_2$O$_3$ 用于降解偶氮染料甲基黄、直接棕和直接绿，在 80℃、大气压条件下反应 2h，染料脱色率、COD 去除率和 TOC 去除率分别高达 99%、80% 和 70%。这一可喜的结果表明催化剂的使用可以大大降低湿式氧化法对温度和压力的要求，甚至降到常温常压也是可能的。

经过不懈努力，混合金属氧化物 Fe$_2$O$_3$-CeO$_2$-TiO$_2$/γ-Al$_2$O$_3$ 终于打开了这一缺口，实现了常温常压下对染料甲基黄的高效降解，2.5h 内脱色率和 TOC 去除率分别为 98.09% 和 96.08%。不足之处是反应所需催化剂量较大，达到 30g/L。CuO-MoO$_3$-P$_2$O$_5$ 则将催化剂的用量降到了 13.3g/L。与此同时，多金属氧酸盐开辟了新的天地，Zn$_{1.5}$PMo$_{12}$O$_{40}$ 在常温常压下能对染料番红精高效降解，40min 内脱色率、COD 去除率、TOC 去除率分别高达 98%、95% 和 92%，染料完全矿化为无机物如 HCO$_3^-$、Cl$^-$ 和 NO$_3^-$。类似的催化剂 Mo(Ⅳ)Zn$_2$AlO$_8$H$_5$ 对阳离子红有良好的降解效果，进一步研究降解过程发现反应产生的高活性物种·OH

和 $^1O_2$ 是染料降解的根本原因。这些进展表明湿式氧化技术非常适合高浓度及生化法难以降解的有机物，因此在对高浓度染料废水的处理上具有广阔前景。

5.3　负载型金属催化剂在芬顿高级氧化方面的应用

5.3.1　芬顿氧化技术

过氧化氢（H_2O_2）是一种中等强度氧化剂，可以氧化部分有机污染物，但是其氧化电位只有 1.776V，氧化能力有限，氧化速度非常缓慢，对大分子、难降解有机污染物则无能为力，因此很少采用过氧化氢直接氧化降解有机物。1893 年，化学家 Fenton 无意中发现 H_2O_2 与 Fe^{2+} 的混合反应体系具有极强的氧化性，能够迅速将当时大部分已知的有机化合物如羧酸、醇、酯类有机物氧化为无机物，后人称之为芬顿（Fenton）反应。但是由于氧化性太强，且无选择性，因此在当时以有机合成为中心的化工背景下被边缘化，关于其原理也研究的不多。直到 1934 年，才提出了芬顿反应的自由基理论，即 H_2O_2 与 Fe^{2+}（Fe^{3+}）生成·OH，后者具有很高的氧化电位，能够完全氧化有机物。又过了长达 30 多年之久，芬顿体系的强氧化性终于在环境化学中有了用武之地。芬顿氧化体系对持久性有机污染物的高效降解使环保工作者们看到了曙光，其应用范围也一直在扩大。

芬顿氧化技术对有机物的降解效率与反应体系的 pH 值、H_2O_2 浓度、温度、催化剂浓度、反应物浓度密切相关。芬顿反应一般在酸性条件下进行，尤其是在 pH=3 左右。当 pH>3.5 时，Fe^{2+}（或 Fe^{3+}）溶液形成碱性氧化物，进而转化为氧化物、氢氧化物、羟基氧化物的混合物，失去催化效果。此外，·OH 在 pH 值增大时其氧化性将大大降低，失去对难降解有机物的氧化降解能力。再者，在高 pH 值条件下，H_2O_2 的分解速率大大加快，形成低氧化能力的 O_2，降解效果极低。而在 pH<2 时，H_2O_2 变得异常稳定，形成·OH 的速率大大变缓，这是因为 H_2O_2 在强酸性条件下容易质子化形成 $H_3O_2^+$，后者并不能与 Fe 物种作用形成·OH；同时，在低 pH 值条件下·OH 将与过剩的 H^+ 反应形成 H_2O，

从而失去氧化降解能力。

在芬顿氧化技术中，需要加入 H_2O_2 作为氧化剂，但是 H_2O_2 氧化能力有限，并不能直接氧化分解、矿化有机物，而是与 Fe^{2+} 形成·OH，后者氧化电位高达 2.80V，能矿化大部分有机物。显而易见，有机物的降解效率与·OH 的浓度密不可分，从而也与 H_2O_2 的浓度密切相关。增大 H_2O_2 的浓度，产生的·OH 的浓度随之增大，有机物的矿化效率提升。然而，随着 H_2O_2 继续升高，有机物 TOC 去除率却并没有随之增加，而是下降，这是因为反应中有机物和 H_2O_2 都能和·OH 反应，当 H_2O_2 浓度过高时，过量的 H_2O_2 将捕获·OH 从而降低降解效率。

芬顿氧化技术的优点是氧化能力强、无选择性、绿色环保。但是反应体系中需加入大量水溶性 Fe^{2+} 或 Fe^{3+}，在废水处理之后无法回收利用，最后沉淀形成污泥。而作为反应物的过氧化氢其成本也是比较高的，传统的以 Fe^{2+} 作为芬顿试剂的体系对过氧化氢的利用率偏低，相当部分的过氧化氢分解为没有降解能力的水和氧气。除此之外，芬顿技术对酸性溶液中的有机物去除效果较好，而在中性或者碱性条件下则大大降低。事实上，除了 Fe^{2+}、Fe^{3+} 之外，研究人员发现 Cu^{2+}、Co^{2+}、Mn^{2+}、Ni^{2+}、Ti^{3+}、Cr^{2+} 等金属离子也具有类似芬顿反应的催化作用，即能和 H_2O_2 作用产生·OH 降解有机物，反应称之为类芬顿反应，相应的试剂称之为类芬顿试剂。由于传统的芬顿试剂和类芬顿试剂都是在均相（离子态）参与反应，均存在难以回收的问题。因此越来越多的研究致力于在非均相（固态）条件下催化 H_2O_2 分解为·OH 的反应，相应的固态催化剂，如金属氧化物、载体负载金属、金属与大分子螯合物等，称之为非均相类芬顿催化剂。

5.3.2 负载型金属催化剂在芬顿氧化方面的应用

负载型金属催化剂在芬顿氧化中由于具有持久有效的催化活性、易于回收和环境友好的特点，已成为一种有前途的水处理技术。采用浸渍焙烧法制备 Fe/C 催化剂，采用两种不同结构的活性炭作为载体，一种以介孔为主，另一种以微孔为主，以橙Ⅱ为模拟染料废水进行降解研究，结果表明具有介孔结构的 Fe/C 催化剂对橙Ⅱ的降解效率远高于微孔结构的 Fe/C 催化剂，其原因是铁在介孔结构的表面分布更均匀，且介孔结构活性炭的比表面积更大。分子筛具有良好的离子交换性能和较大的比表面积，常常被用作催化剂载体。制备了 Fe/ZSM5 催化剂对酸性蓝 74 染料废水进行降解，考察了催化剂投加量、pH 值、氧化剂投加量等因素对降解效果的影响，实验发现，在降解过程中铁离子的溶出量只有 0.3mg/L，催化剂稳定强，且反应结束后催化剂在重力作用下能充分沉淀，简单洗涤干燥后可多次重复使用，处理效率没有明显降低。

双金属 FeO_x/NiO_y@SBA-15 催化 H_2O_2 去除酸性红 73 在 pH=3 下，在 60min 内观察到 99.3% 的高去除效率，而在相同的条件下单金属 FeO_x@SBA-15 和 NiO_y@SBA-15 分别获得的去除率仅为 29.2% 和 21.9%。在另一项研究中，将 FePd 负载在两种不同的二氧化硅上，一种为普通的 SiO_2，另一种为介孔的 SiO_2，即 SBA-15，将所得复合材料 FePd@SiO_2 和 FePd@SBA-15 对酸性红 73 的降解效率进行了比较，前者在 pH 3.0 下只有 51.6% 的去除效率，而后者则高达 98.6%。研究发现，SBA-15 包含空间受限的通道，能够将纳米颗粒高度分散，因而提高了催化活性。同时，活性金属 Fe 和 Pd 在反应中起协同催化作用，即 Pd 物原位产生 H_2O_2，而 Fe 物种分解 H_2O_2 以便有效生成·OH 来氧化酸性红 73。介孔载体的限域作用在电芬顿中也有所应用，采用电芬顿工艺以 Fe@SBA-15 作为多相催化剂去除罗丹明 B，在 180min 内达到 97.7% 的氧化去除率和 35.1% 的总有机碳（TOC）去除率。

5.4　负载型金属催化剂在臭氧高级氧化方面的应用

5.4.1　臭氧氧化技术

臭氧氧化技术是一种处理效果好、消毒快、能够增加水中溶解氧、无二次污染的高级氧化反应技术，被广泛地使用于废水的预处理或深度处理。O_3 本身是一种优秀的氧化剂，展现出较强的选择性。臭氧溶于水时其氧化电势达到 2.07V，主要选择性的攻击富含电子的官能团（如双键等）；另一方面也会产生氧化降解能力更强的·OH。因此，臭氧氧化技术降解有机污染物时主要存在两种反应途径：第一种反应途径是臭氧溶于水时其本身会与溶液中的有机污染物直接发生反应，但是该反应速率较慢且具有一定的选择性；第二种反应途径是臭氧溶于水时产生·OH，·OH

会无选择性的攻击反应液中的有机污染物。

5.4.2　负载型金属催化剂在臭氧氧化方面的应用

迄今为止，由于催化臭氧化具有在温和的温度和压力下有效消除有害有机污染物的强大能力，人们对催化臭氧化的关注日益增加。催化臭氧氧化是利用臭氧氧化和固体催化剂的协同作用达到深度氧化、最大限度去除难降解污染物的技术。其降解作用机理主要有两种：一是固体催化剂促使臭氧分解并产生高活性的·OH，从而氧化降解臭氧本身难降解的有机物，提高体系 COD 和 TOC 的去除率；二是吸附和催化协同作用。在高湿度条件或者是液相条件下，水分子会在金属氧化物表面发生解离吸附生成 H^+ 和 OH^-。催化剂以固态形式存在，固液分离容易、操作方便且催化臭氧分解效率高，能有效矿化有机污染物。随着研究的深入，已制备出很多能满足不同处理要求的具有代表性的催化剂。与金属氧化物相比，负载型金属催化剂普遍具有较高的比表面积，且活性组分分散均匀。活性成分与载体间相互作用强，很大程度上降低了浸出率，提高了利用率。在处理难降解有机废水过程中多采用纳米晶体氧化物作为载体。一方面，纳米晶体比表面积大、表面活性中心多，增加了化学反应的接触面，有利于化学反应的进行，同时也增大了吸附作用；另一方面，能降低催化剂结合能，提高反应速率。

在有机废水处理技术中，负载型金属催化剂催化臭氧氧化技术因其作用范围广、快速、高效、无污染等优点受到广泛的应用。在臭氧存在下，Cu@SBA-15 催化剂在 21min 内完全消除了母体化合物 Orange 4，最大 TOC 去除效率为 86%。pH 值的变化对去除 Orange 4 的影响很小，但对 TOC 去除的影响很大。采用臭氧氧化技术处理苯酚溶液，发现在溶液 pH=3.2~6.5 范围内臭氧本身氧化降解苯酚，而在碱性条件下·OH 氧化降解苯酚。采用臭氧氧化技术深度处理生化处理后含苯胺的颜料废水，发现在最佳反应条件下反应 13min 后苯胺的降解率达到 92% 左右，在废水的 pH<4 时苯胺的降解主要来自臭氧的贡献，pH>10 时苯胺的降解主要来自·OH 的贡献。采用臭氧氧化技术在碱性条件下（pH=12）处理亚甲基蓝污染物，反应 12min 后亚甲基蓝基本上完全降解，相应的 COD 的去除率高达 64.96%，高 pH 值条件有利于臭氧分解从而提高反应速率常数。综上所述，臭氧氧化技术虽然能够降解污染物，但是污染物的降解过程受 pH 值影响较大，尤其在酸性条件下污染物的降解主要来自臭氧的贡献，臭氧本身的氧化降解能力有限且选择性的攻击污染物；臭氧的制备成本较高，反应结束后剩余的臭氧不能长时间维持也不利于运输。

　　尽管负载型金属催化剂在催化臭氧氧化方面取得了长足的进展，但是由于不同制备方法制得的催化剂表面性质不同，在催化臭氧化过程中反应机理、影响因素的探讨尚不清晰。若明确影响催化剂表面性质的因素，将对催化剂的制备和应用有很大的引导作用。其次，虽然负载型金属催化剂分散性好、比表面积大、催化效果好，但表面性质易改变，重复利用率低，造成催化剂的浪费，增加成本。目前提高催化剂重复使用率的研究较少，若能进一步研究制备性质稳定的催化剂，可促进催化臭氧化技术的发展。最后，目前有关臭氧催化氧化体系中催化剂的报道大多仍处于实验室研究阶段。实验废水通常不是成分复杂的工业废水，多为实验室配制的成分单一的有机废水，在实验室可以达到很好的催化效果，但实际工业废水成分复杂，应以实际工业有机废水为研究对象，制备催化臭氧氧化的高效催化剂。

5.5　负载型金属催化剂在光催化高级氧化方面的应用

5.5.1　光催化氧化技术

　　光催化氧化技术作为一种高级氧化技术日益受到国内外学者的关注。几乎所有的有机物在光催化作用下可以完全氧化为 CO_2、H_2O 等简单无机物。光催化氧化剂中尤以金属氧化物半导体 TiO_2 最为典型。目前国内外报道的利用 TiO_2 催化氧化有机污染物技术中，主要是利用分散相的 TiO_2 和固定相的 TiO_2。利用半导体催化剂进行有机物氧化的光催化氧化对环境污染问题中突出的毒性大、难生物降解的直链烃类、卤代芳香烃，如染料、农药、油类等物质具有很好的氧化分解作用，能处理多种有机污染物。此外，又由于光催化反应具有反应条件温和、设备简单、二次污染小、易于操作控制、对低浓度污染物具有很好的去除效果等优点，因此半导体光催化反应技术已成为污染控制化学研究的一个热点，是目前光化学方法用于污染控制的诸多研究中最活跃的领域。光催化氧化技术在废水的处理过程中是一种成本低、可行的处理方式。光催化剂在合适能量的光照射下产生电子-空穴对，电子-空穴对发生分离同时分离的电子、空穴与吸收来的底物发生反应降解污染物。光催化氧化技术降解污染物主要有直接光催化降解和间接光催化降解两种途径。间接光催化降解污染物的途径一般是光催化剂在光照射下吸收能量电子从价带激发到导带上，价带和导带上形成空穴和电子，空穴会吸收反应液中的 H_2O 产生 $\cdot OH$，电子与反应液中的 O_2 反应产生 $O_2^- \cdot$，生成的自由基会攻击溶液中的污染物。直接光催化降解途径一般认为是空穴被催化剂表面的缺陷或活性位点捕获，表面的缺陷或活性位点通过化学吸附机制与污染物反应生成加合物被降解。

目前研究较多的负载型催化剂主要是 TiO_2、TiO_2 基催化剂、gC_3N_4 等。这些催化剂具有较高的光催化降解效率、成本低、化学性质稳定等优点使得光催化氧化技术在实际的应用过程中具有巨大的潜力。以钛铁矿为前体制备出 4 种 TiO_2 催化剂，并在紫外光和太阳光辐射下通过降解罗丹明 B 考察了 4 种 TiO_2 催化剂的催化活性，通过等离子体还原的 TiO_2 催化活性最高，通过 H_2 等离子体还原 TiO_2 使得一部分 Ti^{4+} 还原为 Ti^{3+} 同时造成了氧空位缺陷引起了催化活性的提高。虽然 TiO_2 催化剂是优秀的光催化剂但是其产生的电子与空穴容易重组而失活，因此许多研究者通过优化反应条件或对 TiO_2 掺杂改性以阻止电子与空穴容易重组。采用 UV-TiO_2 处理 1.0mg/L 的壬基酚水溶液，在最佳条件下反应 4h 后壬基酚的去除率高到 90% 且降解遵循一级动力学模型，研究发现溶解氧可以有效地阻止电子与空穴的重组，有利于自由基的生成与壬基酚的降解。通过水热反应和焙烧制备出 Au 纳米颗粒夹在 TiO_2 和 C 的壳壁之间的均匀的 TiO_2@Au@C 空心球，在可见光辐射下通过降解 4-硝基苯胺考察了催化剂的催化活性，反应 3h 后 4-硝基苯胺的去除率高达 92.65%；在可见光辐射下 TiO_2 的导带能够捕获 Au 纳米颗粒的光生电子加强了电子与空穴的分离，而且碳质材料的引入加强了催化剂对可见光的吸收同时提高了 TiO_2 与污染物的亲和力。

5.5.2　负载型金属催化剂在光催化氧化方面的应用

粉末型 TiO_2 颗粒细小，在废水处理中易流失，回收困难。因此，对粉末型 TiO_2 催化剂进行一些改性，以提高其活性及可应用性。在 TiO_2 表面沉积贵金属，对提高其光催化反应效率和选择性是很有效的。常用的贵金属有 Pt、Pd、Ag、Au、Ru、Nb 等。在 TiO_2 表面沉积适量的贵金属有助于载流子的重新分布，电子从费米能级较高的半导体转移到较低的金属，直至两者的费米能级相同，避免了电子空穴的复合，电子空穴得到了有效分离，最终提高了光催化剂的光量子效率。以水为溶剂，在超声波下将硝酸银纳米粒子沉积在微米二氧化钛表面，超声使 TiO_2 表面沉积的纳米银数量增加且重叠在一起，很大程度上提高了可见光对丙酮的降解率。采用微波-水热方法，在 TiO_2 表面通过氢氧化钠辅助还原沉积纳米 Pt 制备了高比表面积的介孔 Pt/TiO_2，室温下对六氯环己烷进行降解实验，当 Pt 负载质量分数为 0.5% 时反应速率得到明显改善。类似的研究发现，在 Pt/TiO_2 对 3B 艳红染料溶液光催化降解性能的研究中发现 TiO_2 表面担载适量的金属铂后，对染料降解的催化活性有了明显的提高。由于复合结构具有高的比表面积和高的孔容，使其对有机物的吸附增强，增强了催化效率。然而大部分贵金属具有毒性且成本高昂，不利于大规模应用，所以在解决这些问题方面还需要继续探索和深入研究。

5.6　负载型金属催化剂在过硫酸盐高级氧化方面的应用

5.6.1　过硫酸盐氧化技术

过硫酸盐氧化技术是在芬顿技术之后发展起来的一种高级氧化技术，通过活化过硫酸盐（包括过一硫酸盐 PMS 和过二硫酸盐 PDS）产生高氧化性 $SO_4^-\cdot$ 降解有机物。大量研究表明含 Co 催化剂是活化过一硫酸盐（PMS）最好的催化剂，Ag（I）与含 Fe 催化剂是活化过二硫酸盐（PDS）最好的催化剂。与传统的以羟基自由基（$\cdot OH$）为主的芬顿氧化技术相比，这种技术具有 pH 值适用范围广（可在 pH 值为 $2\sim9$ 下进行）、氧化电势高（$2.5\sim3.1V$）、自由基寿命长（半衰期可达 $30\sim40\mu s$）和选择性氧化（受环境背景物质影响低）等明显优点，因此过硫酸盐氧化技术迅速成为研究热点。

使用 Co^{2+}、Fe^{2+}、Ag^+ 等过渡金属离子活化过硫酸盐降解土壤中的芘，发现 Fe^{2+} 是活化 PS 最佳的催化剂且反应 2h 后芘的降解达 90% 以上；Co^{2+} 是活化 PMS 最适催化剂且反应 5min 后 94.5% 的芘被降解。使用

UV、PS、UV/PS 等工艺降解二苯甲酮-4，发现 UV/PS 工艺下二苯甲酮-4 的去除效果最好，在 PS 1mmol/L 反应 30min 时二苯甲酮-4 的降解率达到 90％以上。采用 Fe_3O_4 活化 PMS 降解对 10mg/L 的乙酰氨基酚，在 Fe_3O_4 0.8g/L、PMS 0.2mmol/L 条件下反应 2h APAP 的降解效果达到 75％，EPR 技术证明降解 AP 的活性物种为·OH 自由基和 SO_4^-·自由基。采用沉淀法制备出粒径约为 20nm 的球形 Co_3O_4 颗粒并活化 PMS 降解酸性橙 7，在中性条件下纳米 Co_3O_4 具有较好的催化活化。

5.6.2 负载型金属催化剂在过硫酸盐氧化方面的应用

虽然四氧化三钴（Co_3O_4）作为典型的含钴氧化物能够在中性条件下活化过一硫酸盐降解有机物，但是需要较高的催化剂投加量、较长的反应时间，同时催化剂的主要成分四氧化三钴会在反应中流失造成催化活性下降和二次污染。为了提高催化剂的催化活性，部分研究者将 Co、Fe 等负载在氧化铝、二氧化钛和石墨烯等载体上制备催化剂，既能够提高活性组分的分散效果，降低金属使用量，同时可以利用载体和活性组分之间的相互作用提高催化活性。以还原氧化石墨烯（rGO）为载体制备出 Fe_3O_4/rGO 催化剂并活化 PS 降解三氯乙烯（TCE），反应 5min 时 TCE 去除效果高达 98.6％，研究结果表明 Fe_3O_4 的氧化还原作用与 rGO 表面上含氧官能团的电子转移加强了 SO_4^-·的生成。通过浸渍法制备出 Co/TiO_2 催化剂活化 PMS 降解 2,4-二氯苯酚，研究发现 Co/TiO_2 催化剂催化活性远远超过未负载催化剂，因为 TiO_2 能够促进 Co-OH 复合物的形成，而这被认为是此反应中活化 PMS 的关键步骤。

5.7 负载型金属催化剂在高级氧化方面的改进

5.7.1 催化剂物理结构的改变

常规的铁氧化物催化能力有限，是因为催化反应在表面进行，而固体表面积有限，因此天然的铁矿（磁铁矿、赤铁矿、针铁矿等）或商业购买的铁氧化物（Fe_2O_3、Fe_3O_4、FeOOH 等）粉末活性不高，对染料等难降解物质无能为力。因此，对催化剂进行物理形貌上的改良可以提高催化剂的活性。将铁氧化物制备成纳米粒子，较之粉末形式增大了表面积，增加了反应的活性位点，从而加快了芬顿降解速率。进一步通过载体负载，不但可以减少金属负载量、提高分散性，而且可以提高其分离和再生性能。目前使用 SiO_2、Al_2O_3、TiO_2 等氧化物作为载体的比较多。

尽管以氧化物为载体能提高催化剂分散性，但是由于其比表面积增加不多，分散性提高有限。而且由于氧化物载体无孔，比表面积低，对有机物的吸附能力比较差，进而影响到了催化剂的发挥。事实上，载体对有机物的吸附能力也是影响有机物能否被迅速高效降解的一个重要因素，因为有机物首先被催化剂吸附/吸引，接近甚至进入催化剂内部的催化活性位点才能被进一步的降解，因此合适的吸附能力直接影响着催化性能的高低。Fe-沸石（如 ZSM5）负载型催化剂在中性条件下具有良好的类芬顿催化效果，并且能够重复使用，其具有高效活性的原因即为催化剂对有机物具有合适的吸附性能。因此，通过多孔材料的负载，既能改善催化剂的吸附性能，又便于沉淀分离，以利于工业化应用。

此外，多孔材料的负载还有利于发挥纳米粒子的高活性特征。由于常规氧化物材料表面的开放性，活性组分在表面生长形成的纳米粒子粒径较大，而且容易团聚，因此近年来采用多孔材料作为载体的催化剂越来越多。根据纳米材料的研究结果，纳米粒子的催化活性满足"尺寸效应"，即粒径越小活性越高。因此可以将活性组分负载于孔道内，纳米粒子的生长受限，粒径就会变小，得到的活性组分处于纳米级别，而载体仍处于微米级别。多孔载体的使用使得金属活性组分具有较小的尺寸而具有较高的活性，因此可根据需要的纳米粒子大小选择合适孔径的材料，但是还要考虑到染料分子的大小和液相扩散、传质问题。如果孔径太小，大分子染料不能迅速与孔道内活性组分接触，催化活性也会受到抑制。根据材料的孔径大小可将多孔材料分为 3 大类：a. 大孔材料，孔径大于 50nm，如 3DOM（三维有序大孔）；b. 介孔材料，孔径处于 2～50nm 之间，如 MCM 系列、SBA 系列、CMK 系列、KIT 系列、MSU 系列等；c. 微孔材料，孔径在 2nm 以下，如沸石。其中介孔材料由于具有合适的孔径范围，因而成为液相反应中类芬顿催化剂载体的首选。将铁物种负载于 SBA-15 上，发现活性组分负载于孔道内部的催化剂其芬顿催化活性高于活性组分在材料外部的催化剂，并且两者对染料活性紫的脱色率和 TOC 去除率都高于购买的 Fe_3O_4，显示出载体尤其是孔道限域对催化活性的增强作用。

有高活性的关键就是铁活性组分通过核壳结构以多种形式呈现。在核壳结构表层黏附的 Fe^{2+} 和内核零价铁的协同下，能够同时发生多电子活化 O_2 产生 H_2O_2 的反应和单电子活化 O_2 产生 O_2^- •的反应，促进 $Fe(Ⅲ)$ 向 $Fe(Ⅱ)$ 还原，同时壳层 Fe_2O_3 保护内核零价铁防止其进一步被氧化。将活性组分 Fe_2O_3 制备成类似于核壳结构的蛋黄-蛋壳结构，有着比常规核壳结构更高的催化活性。其结构中蛋黄为 Fe_2O_3，蛋壳为介孔的 SiO_2，蛋黄与蛋壳之间存在空隙，空隙越大催化活性越高。正是这种特殊的结构使得 Fe_2O_3 催化芬顿反应在一个限域的空间进行，对染料亚甲基蓝的催化降解活性远高于传统的 Fe_2O_3 和无空隙的核壳结构催化剂，显示出优良的催化性能。

5.7.2 特定活性组分的形成

在催化反应中，催化剂上的活性组分是以特定的物相形式和化学态存在时发挥作用的。离子态 Fe^{2+} 和 Fe^{3+} 的催化活性要比固态的金属氧化物 Fe_3O_4 和 Fe_2O_3 强得多。即使均为铁的氧化物形式，Fe_3O_4 的催化活性要比 Fe_2O_3 强。甚至对于同一化学态的 Fe_2O_3，结晶度对于芬顿催化活性也有很大影响。将 $FeC_2O_4 \cdot 2H_2O$ 在空气中加热分解得到不同结晶度和比表面积的纳米 $\alpha\text{-}Fe_2O_3$，无定型粉末比表面积达 $401m^2/g$，然而活性最差，而具有较低比表面积（$337m^2/g$）和较高结晶度的 $\alpha\text{-}Fe_2O_3$ 催化活性最强，而且结晶度越高，催化活性越强。$\delta\text{-}FeOOH$ 是一种 $Fe(Ⅲ)$ 的羟基氧化物多晶，结构类似于 $\alpha\text{-}Fe_2O_3$，具有封闭的六边形氧晶格。将此化合物用于染料亚甲基蓝和靛蓝胭脂红降解，在 $pH=6$ 时具有良好的脱色效果，这归功于催化剂拥有大的比表面积，对染料较强的吸附能力以及催化剂表面 $Fe(Ⅲ)$ 转化为 $Fe(Ⅱ)$ 后产生了大量·OH。通过普鲁士蓝修饰 Fe_2O_3，对染料亚甲基蓝的催化去除效果远高于 Fe_2O_3，在 pH 值为 3～10 范围内对甲基蓝脱色率均可达到 80% 以上，最佳条件下（$pH=5.5$）普鲁士蓝-$\gamma\text{-}Fe_2O_3$ 对染料的脱色率可达 100%，而 Fe_2O_3 还不到 10%。用化学气相迁移法制备铁的氯氧化物（FeOCl），对多种有机污染物都有良好的芬顿催化效果，比常见的铁氧化物（羟基氧化物）的活性高 2～4 个数量级，极高的催化活性正是来源于 Fe 的特殊化学态，催化剂表面 Fe 以不饱和形式存在，有利于·OH 的生成，同时 FeOCl 中 Cl 的存在减少了·OH 的湮灭。

5.7.3　多金属的协同作用

在具有芬顿（类芬顿）效应的金属中，铁是最具芬顿催化活性的元素。而且由于铁元素在地壳中的广泛存在、成本低廉、环境友好，因此以铁为中心金属的铁基类芬顿催化剂得到了广泛研究和应用。但是以铁为单一金属的催化剂如 ZVI、Fe_2O_3、Fe_3O_4、FeOOH 等催化作用有限。因为在类芬顿催化反应中存在一个限速反应，即 $Fe(Ⅲ) + H_2O_2 \longrightarrow Fe(Ⅱ) + HO_2 \cdot + H^+$ 的反应速率较低，而加入其他金属元素则可以加速这一反应的进行，最终使得有机物降解迅速进行。引入的金属根据自身的性能分为两种：一种是能够单独催化芬顿反应，并且能够和铁物种之间发生氧化还原反应，促进 $Fe(Ⅲ)/Fe(Ⅱ)$ 的价态转化；另一种是不能单独催化类芬顿反应，但能影响铁物种的电子状态，诱导铁物种价态的转化。

根据引入方式，催化剂可分为多金属（氧化物）催化剂和混合金属氧化物催化剂。常规的 Fe_3O_4 纳米粒子具有很强的芬顿催化活性，能够降解多种有机污染物，然而对难降解污染物如染料等却无能为力，具有钙钛矿结构的 $BiFeO_3$ 降解罗丹明 B，90min 对罗丹明 B 的去除率可达到 95.2%，2h 内 TOC 去除率高达 90%，而相同条件下 Fe_3O_4 纳米粒子 TOC 去除率只有 6.0%。介孔铜铁氧体 $CuFe_2O_4$ 具有极高的类芬顿催化活性，对吡虫啉的降解能力远高于 Fe_3O_4 纳米粒子，这种高活性除了归功于 $CuFe_2O_4$ 的介孔结构所带来的大的比表面积之外，双金属 Fe 和 Cu 之间的氧化还原反应（Fe^{2+}/Fe^{3+} 和 Cu^+/Cu^{2+}）也具有很大贡献，因为 Cu^+ 的存在促进了 Fe^{3+} 的还原，有利于芬顿反应的进行。用 FePt 双金属催化剂降解亚甲基蓝，在未调节 pH（初始 pH 值为 5.5）条件下，FePt 降解速率远远快于 Fe_3O_4，前者速率常数比后者快 100 倍。机理分析表明，反应体系中除了铁物种（Fe_3O_4 中的 Fe^{2+} 和 Fe^{3+}）的芬顿催化反应形成·OH 之外，FePt 作为一个整体能与 H_2O_2 形成（FePt）·，后者能与 H_2O_2 进一步反应形成·OH，由于·OH 产量增多、产生速率加快，因此对亚甲基蓝的芬顿降解速率也加快了。Fe_3O_4/CeO_2 复合催化剂具有比单独 Fe_3O_4 更高的催化活性，这是因为 CeO_2 的存在增强了 Fe_3O_4 的催化活性。一方面，Ce 氧化物具有类似 Fe 物种的芬顿催化活性，能够单独催化类芬顿反应；另一方面 Ce 物种和 Fe 物种之间发生氧化还原作用，促进各自价态的迅速转化，从而有利于·OH 的生成和芬顿反应的进行。

对铁氧化物（氢氧化物）同晶取代也能获得更好的类芬顿催化效果。通过研究多种金属元素同晶取代 Fe_3O_4 中的铁元素，发现 Cr^{3+}、Co^{2+} 和 Mn^{2+} 取代后增强了·OH 的产生，加速了有机物的降解，而 Ni^{2+} 和 Ti^{4+} 则明显抑制了反应，表明前者加速了电子的转移，促使活性物种 Fe^{2+} 的生成，而后者在热力学上并不利于 Fe^{3+} 向 Fe^{2+} 的转化。用多种金属元素同晶取代 FeOOH 中的铁元素时发现，Co^{2+} 和 Mn^{2+} 增强了催化活性，Ni^{2+} 阻碍催化剂同 H_2O_2 反应。用 Ni 同晶取代 FeOOH 得到的催化剂 $Fe_{1-x}Ni_xOOH$，在相同反应条件下，对有机物的芬顿催化降解能力显著超过 FeOOH，而且 Ni 掺杂越多，催化效果增强的更多。

5.7.4　拓宽适用 pH 范围

在传统的芬顿催化中，pH＝3 左右一般为催化剂最佳活性范围。尽管类芬顿催化剂采用了固体形式，活性位点也从均相的离子态转为固态表面，然而催化剂只能在酸性条件下表现出催化活性的本质没有变。首先，公认的·OH 具有极强的氧化性（氧化电位高达 2.80V）是在 pH 在酸性下的情形，而在中性或碱性条件下的氧化性将大大降低。其次，活性组分中的铁物种在酸性条件下会少量溶出 Fe^{2+} 或 Fe^{3+}，均相的离子和非均相的铁氧化物都能取得较高催化活性，而在 pH 值较高时形成没有催化活性的氧化物或者氢氧化物。第三，在中性或碱性条件下类芬顿催化中的 Fe(Ⅲ)/Fe(Ⅱ) 转化更为困难，因此需要改变外界条件，加速转化的进行。

要使得催化剂能够在中性条件下高效催化类芬顿反应，必须营造一个局域的酸性环境，即酸性微环境。当催化剂活性位点上的的金属（氧化物）在酸性微环境条件下产生·OH，并将扩散到活性位点上的有机物氧化降解后，形成的矿化产物和小分子有机酸将脱离活性位点并释放到溶液中，这些小分子酸的存在会进一步促进反应的进行。因此，无需在反应前将溶液 pH 调至酸性即可高效催化降解有机物。进一步而言，这种酸性微环境并不是铁物种能够单独提供的，必须引入具有路易斯酸性的金属或者形成具有酸性的金属螯合物。

能够提供或增强催化剂路易斯酸性的金属仅有铝（Al）、铜（Cu）、钴（Co）、锰（Mn）、钼（Mo）等极少数元素。Strlič研究了在 pH 值为 5.5～9.5 范围内 Cd(Ⅱ)、Co(Ⅱ)、Cr (Ⅲ)、Cu(Ⅱ)、Fe(Ⅲ)、Mn

（Ⅱ）、Ni（Ⅱ）和 Zn（Ⅱ）等多个金属离子的芬顿催化活性，发现在 pH＝7 时产生氧化性物种的能力顺序为：Cu（Ⅱ）＞Cr（Ⅲ）＞Co（Ⅱ）＞Fe（Ⅲ）＞Mn（Ⅱ）＞Ni（Ⅱ），Cd（Ⅱ）和 Zn（Ⅱ）则没有显示出任何催化活性。用 Fe、Co、Cu 和 Mn 与 Fe 分别形成混合金属氧化物 $MO \cdot Fe_2O_3$，在中性条件下对溴酚蓝、芝加哥蓝、伊文思蓝、萘酚蓝黑等多种染料都有较好地去除效果，这表明其他金属的引入给催化剂提供了酸性微环境。研究表明，在 Fe_2O_3 存在条件下，活性 Al_2O_3 中 Al 作为第二金属可以以路易斯酸的形式吸引 Fe_2O_3 上的电子密度，从而使 Fe（Ⅲ）能够迅速还原到 Fe（Ⅱ），加速铁循环，从而加速芬顿催化反应。用锰修饰的介孔硅烷材料 KIL-2 制备的催化剂降解亚甲基蓝，在 Si/Mn＝0.01、pH 值为 6～10 的条件下取得很高的脱色率（90％以上），TOC 去除率达到 81.7％，通过 TEM 观察在催化剂表面没有发现锰氧化物纳米粒子的存在，意味着锰进入了硅烷载体的骨架中。经过 X 射线近边吸收光谱（XANES）表征，锰的价态介于 MnO 和 Mn_2O_3 之间，平均价态为 2.7，这表明催化剂上的 Mn 具有配位不饱和的特征，X 射线扩展吸收谱（EXAFS）对 Mn 的短程有序结构、配位原子、配位数的分析证明了 Mn 与 3 个 O 原子以扭曲的 3 重对称配位不饱和形式结合，而这正是路易斯酸位点的特征。因此，不饱和锰氧化物形成的酸性微环境使得催化剂在中性条件下具有很高的催化活性。金属铁和钼共浸渍形成的铁钼氧化物 $Fe_2(MoO_4)_3$ 降解染料酸性橙Ⅱ，在 pH 值为 3～9 都能取得良好的降解效果，在 pH＝6.7 时的降解效率可达 94.1％。这种高催化活性是固体 $Fe_2(MoO_4)_3$ 表面形成的酸性微环境和 Fe^{3+} 与 MoO_4^{2-} 之间的协同作用共同引起的。$Fe_2(MoO_4)_3$ 的零电位点为 2.94，当溶液的 pH 值大于此值时催化剂表面带负电荷，因此能够吸引溶液中的 H^+ 形成酸性微环境。这种酸性微环境的酸性强弱与固体催化剂的去质子化常数有关，去质子化常数越小，酸性越强。在 $Fe_2(MoO_4)_3$ 中，八面体结构的 FeO_6 和四面体结构的 MoO_4 共用一个角，每个氧原子和一个铁原子及一个钼原子相连，形成 Fe-O-Mo 结构，因此 Mo 吸引了 O-Fe 上的电子密度，而增加了 Fe^{3+} 上的电子缺陷，具有比 Fe-O-Fe 低的去质子化常数，因而具有较强的表面酸性。

此外，利用金属螯合物也能提高催化剂 pH 值使用范围，铁-腐殖酸螯合物在 pH＝5 的条件下对有机物的降解能力和没有添加腐殖酸配体的催化剂相比具有更高的催化活性，后者在 pH＝3 才具有与前者相当的催化降解能力，表明腐殖酸的引入将催化剂的活性使用范围从 pH＝3 拓展到 pH＝5。将铁和 γ-氨基吡啶配体形成的螯合物通过共价键固定到活性炭纤维表面，形成的催化剂在酸性到碱性范围内都具有高的催化活性，pH＝7 的条件下 30min 内对染料酸性红 1 的脱色率可达 99%，而相同条件下均相催化剂 Fe^{2+} 对染料的降解几乎可以完全忽略，展示出催化剂较宽的 pH 值适用范围（pH3～11）。对比实验表明，酸性微环境为氨基吡啶配体和活性炭纤维协同作用的结果。通过探针分子实验和电子顺磁共振（EPR）表征表明染料降解是·OH、HO_2·和 $Fe^{IV}＝O$ 共同作用的结果，表明在活性炭纤维与铁-氨基吡啶螯合物之间发生了电子转移，从而加速了 Fe(III)/Fe(IV) 的循环。

最近一些报道表明核壳结构 SiO_2 也能为催化剂提供酸性微环境，上文所提的蛋黄-蛋壳催化剂 Fe_2O_3@介孔 SiO_2 在作用时，介孔 SiO_2 和核壳之间的空隙即提供了一个酸性微环境。在降解染料亚甲基蓝的过程中，亚甲基蓝分子在蛋黄-蛋壳之间的空隙中具有很高的浓度和离解度，释放出大量 H^+，溶液的 pH 值也由初始的 5.7 变为 4.7，溶液酸度的增大正好有利于芬顿反应的进行。此外，在 Fe_3O_4 表面包覆 SiO_2 形成核壳结构催化剂 Fe_3O_4@SiO_2 也能在中性条件下催化芬顿降解，此催化剂在 pH＝6.5 时对亚甲基蓝的脱色率达到 91%，COD 去除率达到 75%，电子自旋共振（ESR）证实了在催化中起作用的活性物种为·OH。尽管研究人员并没有讨论催化剂高活性的机理，但是显而易见 SiO_2 壳层为染料的催化降解提供了酸性微环境。

5.7.5 提高氧化剂利用率

在类芬顿催化氧化中，都要加入 H_2O_2 作为氧化剂。在催化剂的作用下，H_2O_2 形成·OH 氧化有机物。由于 H_2O_2 是一次性大量加入的，从而造成利用率较低，而且多余的 H_2O_2 无法回收继续使用，造成消耗量巨大。事实上，H_2O_2 是一种昂贵的商品，且性质极不稳定，容易发生爆炸和分解，在生产、储存、运输和使用方面均存在巨大的安全风险。因此，考察和提高 H_2O_2 的利用率是类芬顿催化剂研究的一个重要课题。

关于 H_2O_2 利用率的计算，在用类芬顿催化剂 $BiFeO_3$ 降解罗丹明 B 的研究中提出根据 H_2O_2 降解与分解的比值来计算，即 H_2O_2 利用率 $\eta＝\Delta[H_2O_2]_{降解}/\Delta[H_2O_2]_{分解}$，其中 H_2O_2 降解量由反应物完全矿化所需要

的 H_2O_2 的摩尔数来确定，即根据反应物 TOC 去除率计算，而 H_2O_2 分解量可由反应前后 H_2O_2 浓度的差值计算。

根据此公式，研究人员得出 $BiFeO_3$ 磁性纳米粒子在反应中的 H_2O_2 利用率为 64.4%，而在相同条件下 Fe_3O_4 纳米粒子的 H_2O_2 利用率仅为 7.06%，展示出 $BiFeO_3$ 良好的催化活性和较高的 H_2O_2 利用率。此外，若干研究人员也根据此公式计算了各自研究中催化剂的 H_2O_2 利用率。虽然这一研究给出了计算催化剂双氧水利用率的方法，但是此公式中的分母是消耗掉的 H_2O_2，而不是反应初始加入的 H_2O_2，这种方法的不足在于没有考虑过量的 H_2O_2，因为过量的双氧水无法回收再次使用，从而造成 H_2O_2 较低的利用水平。上文提到的核壳结构催化剂 $Fe_3O_4@SiO_2$ 能够在中性条件下催化芬顿降解亚甲基蓝，反应物体积为 20mL，浓度为 50mg/L，H_2O_2 加入量为 1.5mL。根据反应式：

$$C_{16}H_{18}ClN_3S + 51H_2O_2 \longrightarrow 16CO_2 + 57H_2O + 3HNO_3 + H_2SO_4 + HCl$$

假设加入的反应物完全矿化，即 TOC 去除率为 100%，那么理论需要加入的 H_2O_2 应为 0.016mL，而实际加入量为其 94 倍，表明绝大部分 H_2O_2 并未参与反应，从而造成巨大浪费。

不管是传统的均相催化剂 Fe^{2+}，还是近年来广泛研究的非均相类芬顿催化剂，对 H_2O_2 的利用率都不高，一方面是因为通常 H_2O_2 是一次性、足量投加，而 H_2O_2 性质不稳定，容易分解，因此大量的 H_2O_2 在未与催化剂和反应物作用之前已经分解为 H_2O 和 O_2；另一方面是因为催化剂对有机物的矿化能力不高，尤其是对染料的处理，往往是脱色效率高，而 TOC 去除率仍较低。最近，以贵金属 Pd 为主要金属的类芬顿催化剂引起了格外注意，因为在 Pd 的作用下一些供氢物质和 O_2（甚至空气）能够原位产生 H_2O_2。这种方式的优点在于 H_2O_2 是缓慢、逐步的产生，能够保证 H_2O_2 完全被利用，避免了无效的分解，大大提高了 H_2O_2 的利用率。已经报道的供氢物质有氢气（H_2）、肼（NH_2-NH_2）、羟胺（NH_2OH）和甲酸（$HCOOH$），其中甲酸便宜而且安全，最具有应用价值，因而研究的也最多。根据研究，甲酸可以通过 Pd 催化剂首先分解为 CO_2 和 H_2，然后在催化剂作用下 H_2 和 O_2 形成 H_2O_2，最后 H_2O_2 在 Pd 催化剂的作用下分解并降解有机物。此种方法虽然被证明有效，然而整个反应过程中甲酸的转化率较低，H_2O_2 选择性和产率低，有机物降解速度缓慢，而且 Pd 是一种贵金属，价格昂贵，因此必须改进催化剂的制备方法，降低制备成本并获得高效的类芬顿催化剂。

参考文献

[1] Zhong Y, Liang X, Tan W, et al. A comparative study about the effects of isomorphous substitution of transition metals (Ti, Cr, Mn, Co and Ni) on the UV/Fenton catalytic activity of magnetite [J]. Journal of Molecular Catalysis A：Chemical, 2013, 372：29-34.

[2] Strlič M, Kolar J, Šelih V-S, et al. A comparative study of several transition metals in Fenton-like reaction systems at circum-neutral pH [J]. Acta Chimica Slovenica, 2003, 50 (4)：619-632.

[3] Zhang Y, He C, Sharma V K, et al. A coupling process of membrane separation and heterogeneous Fenton-like catalytic oxidation for treatment of acid orange II-containing wastewater [J]. Separation and Purification Technology, 2011, 80 (1)：45-51.

[4] Xia M, Long M, Yang Y, et al. A highly active bimetallic oxides catalyst supported on Al-containing MCM-41 for Fenton oxidation of phenol solution [J]. Applied Catalysis B：Environmental, 2011, 110：118-125.

[5] Shukla P, Wang S, Sun H, et al. Adsorption and heterogeneous advanced oxidation of phenolic contaminants using Fe loaded mesoporous SBA-15 and H_2O_2 [J]. Chemical Engineering Journal, 2010, 164 (1)：255-260.

[6] Armbr Ster M, Kovnir K, Friedrich M, et al. $Al_{13}Fe_4$ as a low-cost alternative for palladium in heterogeneous hydrogenation [J]. Nature Materials, 2012, 11 (8)：690-693.

[7] Luo M, Yuan S, Tong M, et al. An integrated catalyst of Pd supported on magnetic Fe_3O_4 nanoparticles：simultaneous production of H_2O_2 and Fe^{2+} for efficient electro-Fenton degradation of organic contaminants [J]. Water Research, 2014, 48：190-199.

[8] Sun Y, Gao S, Lei F, et al. Atomically-thin two-dimensional sheets for understanding active sites in catalysis [J]. Chemical Society Reviews, 2015, 44：623-636.

[9] Rache M L, Garc A A R, Zea H R, et al. Azo-dye orange II degradation by the heterogeneous Fenton-like process using a zeolite Y-Fe catalyst-Kinetics with a model based on the Fermi's equation [J]. Applied Catalysis B：Environmental, 2014, 146：192-200.

[10] Hermanek M, Zboril R, Medrik I, et al. Catalytic efficiency of iron (Ⅲ) oxides in decomposition of hydrogen peroxide：competition between the surface area and crystallinity of nanoparticles [J]. Journal of the American Chemical Society, 2007, 129 (35)：10929-10936.

[11] Zhang Y, Li D, Chen Y, et al. Catalytic wet air oxidation of dye pollutants by polyoxomolybdate nanotubes under room condition [J]. Applied Catalysis B：Environmental, 2009, 86 (3-4)：182-189.

[12] Yang G, Tsubaki N, Shamoto J, et al. Confinement effect and synergistic function of H-ZSM-5/Cu-ZnO-Al_2O_3 capsule catalyst for one-step controlled synthesis [J]. Journal of the

American Chemical Society，2010，132（23）：8129-8136.

[13] Han Z，Dong Y，Dong S. Copper-iron bimetal modified PAN fiber complexes as novel hetero-geneous Fenton catalysts for degradation of organic dye under visible light irradiation [J]. Journal of Hazardous Materials，2011，189 (1-2)：241-248.

[14] Baldrian P，Merhautov V，Gabriel J，et al. Decolorization of synthetic dyes by hydrogen per-oxide with heterogeneous catalysis by mixed iron oxides [J]. Applied Catalysis B：Environ-mental，2006，66 (3)：258-264.

[15] Zhang J，Zhuang J，Gao L，et al. Decomposing phenol by the hidden talent of ferromagnetic nanoparticles [J]. Chemosphere，2008，73 (9)：1524-1528.

[16] De La Plata G B O，Alfano O M，Cassano A E. Decomposition of 2-chlorophenol employing goethite as Fenton catalyst. I. Proposal of a feasible，combined reaction scheme of heterogene-ous and homogeneous reactions [J]. Applied Catalysis B：Environmental，2010，95 (1)：1-13.

[17] Xu Y，Li X，Cheng X，et al. Degradation of cationic red GTL by catalytic wet air oxidation o-ver Mo-Zn-Al-O catalyst under room temperature and atmospheric pressure [J]. Environ Sci-Technol，2012，46 (5)：2856-2863.

[18] Nidheesh P V，Gandhimathi R，Ramesh S T. Degradation of dyes from aqueous solution by Fenton processes：a review [J]. Environmental Science and Pollution Research，2013，20 (4)：2099-2132.

[19] Bayat M，Sohrabi M，Royaee S J. Degradation of phenol by heterogeneous Fenton reaction u-sing Fe/clinoptilolite [J]. Journal of Industrial and Engineering Chemistry，2012，18 (3)：957-962.

[20] Hua L，Ma H，Zhang L. Degradation process analysis of the azo dyes by catalytic wet air oxi-dation with catalyst CuO/γ-Al$_2$O$_3$ [J]. Chemosphere，2013，90 (2)：143-149.

[21] Liu Y，Sun D. Development of Fe$_2$O$_3$-CeO$_2$-TiO$_2$/γ-Al$_2$O$_3$ as catalyst for catalytic wet air ox-idation of methyl orange azo dye under room condition [J]. Applied Catalysis B：Environ-mental，2007，72 (3-4)：205-211.

[22] Yalfani M S，Contreras S，Medina F，et al. Direct generation of hydrogen peroxide from for-mic acid and O$_2$ using heterogeneous Pd/γ-Al$_2$O$_3$ catalysts [J]. Chemical Communications，2008，33：3885-3887.

[23] Lee H，Kim S，Lee D W，et al. Direct synthesis of hydrogen peroxide from hydrogen and ox-ygen over a Pd core-silica shell catalyst [J]. Catalysis Communications，2011，12 (11)：968-971.

[24] Park S，Lee J，Song J H，et al. Direct synthesis of hydrogen peroxide from hydrogen and ox-ygen over Pd/HZSM-5 catalysts：Effect of Brönsted acidity [J]. Journal of Molecular Cataly-sis A：Chemical，2012，363：230-236.

[25] De Souza W F，Guimar ES I R，Oliveira L C，et al. Effect of Ni incorporation into goethite in

the catalytic activity for the oxidation of nitrogen compounds in petroleum [J]. Applied Catalysis A: General, 2010, 381 (1): 36-41.

[26] Fukuchi S, Nishimoto R, Fukushima M, et al. Effects of reducing agents on the degradation of 2, 4, 6-tribromophenol in a heterogeneous Fenton-like system with an iron-loaded natural zeolite [J]. Applied Catalysis B: Environmental, 2014, 147: 411-419.

[27] Yadav B R, Garg A. Efficacy of fresh and used supported copper-based catalysts for ferulic acid degradation by wet air oxidation process [J]. Industrial & Engineering Chemistry Research, 2012, 51 (48): 15778-15785.

[28] Luo W, Zhu L, Wang N, et al. Efficient removal of organic pollutants with magnetic nanoscaled $BiFeO_3$ as a reusable heterogeneous Fenton-like catalyst [J]. Environmental Science & Technology, 2010, 44 (5): 1786-1791.

[29] Choudhary V R, Jana P. Factors influencing the in situ generation of hydrogen peroxide from the reduction of oxygen by hydroxylamine from hydroxylammonium sulfate over Pd/alumina [J]. Applied Catalysis A: General, 2008, 335 (1): 95-102.

[30] Li W, Zhao S, Qi B, et al. Fast catalytic degradation of organic dye with air and MoO_3: Ce nanofibers under room condition [J]. Applied Catalysis B: Environmental, 2009, 92 (3-4): 333-340.

[31] Yang S, Zhang W, Xie J, et al. Fe_3O_4@SiO_2 nanoparticles as a high-performance Fenton-like catalyst in a neutral environment [J]. RSC Advances, 2015, 5 (7): 5458-5463.

[32] Shi J, Ai Z, Zhang L. Fe@Fe_2O_3 core-shell nanowires enhanced Fenton oxidation by accelerating the Fe(Ⅲ)/Fe(Ⅱ) cycles [J]. Water Research, 2014, 59: 145-153.

[33] Xu L, Wang J. Fenton-like degradation of 2, 4-dichlorophenol using Fe_3O_4 magnetic nanoparticles [J]. Applied Catalysis B: Environmental, 2012, 123-124: 117-126.

[34] Cai J, Ma H, Zhang J, et al. Gold nanoclusters confined in a supercage of Y zeolite for aerobic oxidation of HMF under mild conditions [J]. Chemistry, 2013, 19 (42): 14215-14223.

[35] Navalon S, Martin R, Alvaro M, et al. Gold on diamond nanoparticles as a highly efficient Fenton catalyst [J]. Angewandte Chemie-International Edition, 2010, 49 (45): 8403-8407.

[36] Guo S, Zhang G, Guo Y, et al. Graphene oxide-Fe_2O_3 hybrid material as highly efficient heterogeneous catalyst for degradation of organic contaminants [J]. Carbon, 2013, 60: 437-444.

[37] Navalon S, Alvaro M, Garcia H. Heterogeneous Fenton catalysts based on clays, silicas and zeolites [J]. Applied Catalysis B: Environmental, 2010, 99 (1-2): 1-26.

[38] Herney-Ramirez J, Vicente M A, Madeira L M. Heterogeneous photo-Fenton oxidation with pillared clay-based catalysts for wastewater treatment: a review [J]. Applied Catalysis B: Environmental, 2010, 98 (1): 10-26.

[39] Li X, Liu X, Xu L, et al. Highly dispersed Pd/PdO/Fe_2O_3 nanoparticles in SBA-15 for Fenton-like processes: confinement and synergistic effects [J]. Applied Catalysis B: Environ-

mental，2015，165：79-86.

[40] Georgi A，Schierz A，Trommler U，et al. Humic acid modified Fenton reagent for enhancement of the working pH range [J]. Applied Catalysis B：Environmental，2007，72 (1)：26-36.

[41] Yalfani M S，Contreras S，Medina F，et al. Hydrogen substitutes for the in situ generation of H_2O_2：An application in the Fenton reaction [J]. Journal of Hazardous Materials，2011，192 (1)：340-346.

[42] Cornu C，Bonardet J L，Casale S，et al. Identification and location of iron species in Fe/SBA-15 catalysts：interest for catalytic Fenton reactions [J]. The Journal of Physical Chemistry C，2012，116 (5)：3437-3448.

[43] Choudhary V R，Jana P. In situ generation of hydrogen peroxide from reaction of O_2 with hydroxylamine from hydroxylammonium salt in neutral aqueous or non-aqueous medium using reusable Pd/Al_2O_3 catalyst [J]. Catalysis Communications，2007，8 (11)：1578-1582.

[44] Ouyang L，Da G J，Tian P F，et al. Insight into active sites of $Pd-Au/TiO_2$ catalysts in hydrogen peroxide synthesis directly from H_2 and O_2 [J]. Journal of Catalysis，2014，311：129-136.

[45] Chellal K，Bachari K，Sadi F. Iron incorporated mesoporous molecular sieves synthesized by a microwave-hydrothermal process and their application in catalytic oxidation [J]. Journal of Cluster Science，2014，25 (2)：523-539.

[46] Pereira M，Oliveira L，Murad E. Iron oxide catalysts：Fenton and Fenton-like reactions-a review [J]. Clay Minerals，2012，47 (3)：285-302.

[47] Yang X J，Xu X M，Xu J，et al. Iron oxychloride (FeOCl)：an efficient fenton-like catalyst for producing hydroxyl radicals in degradation of organic contaminants [J]. Journal of the American Chemical Society，2013，135 (43)：16058-16061.

[48] Wang Y，Zhao H，Zhao G. Iron-copper bimetallic nanoparticles embedded within ordered mesoporous carbon as effective and stable heterogeneous Fenton catalyst for the degradation of organic contaminants [J]. Applied Catalysis B：Environmental，2015，164 (396-406.

[49] Wang Y，Zhao H，Li M，et al. Magnetic ordered mesoporous copper ferrite as a heterogeneous Fenton catalyst for the degradation of imidacloprid [J]. Applied Catalysis B：Environmental，2014，147：534-545.

[50] Tušar N N，Maučec D，Rangus M，et al. Manganese Functionalized Silicate Nanoparticles as a Fenton-Type Catalyst for Water Purification by Advanced Oxidation Processes (AOP) [J]. Advanced Functional Materials，2012，22 (4)：820-826.

[51] Dhakshinamoorthy A，Navalon S，Alvaro M，et al. Metal nanoparticles as heterogeneous Fenton catalysts [J]. ChemSusChem，2012，5 (1)：46-64.

[52] Pinto I S X，Pacheco P H V V，Coelho J V，et al. Nanostructured δ-FeOOH：An efficient Fenton-like catalyst for the oxidation of organics in water [J]. Applied Catalysis B：Environ-

mental，2012，119-120：175-182.

[53] Xu J，Ouyang L，Da G—J，et al. Pt promotional effects on Pd-Pt alloy catalysts for hydrogen peroxide synthesis directly from hydrogen and oxygen [J]. Journal of Catalysis，2012，285 (1)：74-82.

[54] Choudhary V R，Jana P，Bhargava S K. Reduction of oxygen by hydroxylammonium salt or hydroxylamine over supported Au nanoparticles for in situ generation of hydrogen peroxide in aqueous or non-aqueous medium [J]. Catalysis Communications，2007，8 (5)：811-816.

[55] Guo L，Chen F，Fan X，et al. S-doped α-Fe$_2$O$_3$ as a highly active heterogeneous Fenton-like catalyst towards the degradation of acid orange 7 and phenol [J]. Applied Catalysis B：Environmental，2010，96 (1)：162-168.

[56] Lu A H，Nitz J J，Comotti M，et al. Spatially and size selective synthesis of Fe-based nanoparticles on ordered mesoporous supports as highly active and stable catalysts for ammonia decomposition [J]. Journal of the American Chemical Society，2010，132 (40)：14152-14162.

[57] 朱佳新，熊裕华，郭锐. 二氧化钛光催化剂改性研究进展 [J]. 无机盐工业，2020，52 (3)：23-27.

[58] 程晓东，禚青倩，余正齐，等. 非均相催化臭氧化污水处理技术研究进展 [J]. 工业用水与废水，2017，48 (1)：6-9.

[59] 刘艳芳，张智理，姜国平，等. 非均相催化臭氧氧化水中难降解有机物效率与机理研究进展 [J]. 煤炭与化工，2016，39 (9)：29-34.

第6章

负载型金属催化剂在提高氧化剂利用率上的应用

6.1 提高氧化剂利用率研究的必要性

在涉及氧化过程的催化反应中，氧化剂是必不可少的，常见的氧化剂包括分子氧（O_2）、过氧化氢（H_2O_2）、过硫酸盐（PS）及浓酸等。由于反应所需氧化剂的量与反应物的量成正比，而工业生产和污染物处理中反应物的巨量导致氧化剂的需求量也是惊人的。除此之外，氧化剂的安全性也是制约其实际应用的关键。因此，如果能提高氧化剂的利用率，氧化剂的投加量将极大降低，整个工业生产的成本和安全性都将明显改善。

在类芬顿催化氧化中，都要加入 H_2O_2 作为氧化剂。在催化剂的作用下，H_2O_2 形成·OH 氧化有机物。由于 H_2O_2 是一次性大量加入的，从而造成利用率较低，而且多余的 H_2O_2 无法回收继续使用，造成 H_2O_2 消耗、浪费量巨大。事实上，H_2O_2 是一种昂贵的商品，且性质极不稳定，容易发生爆炸和分解，在生产、储存、运输和使用方面均存在巨大的安全风险。因此，提高 H_2O_2 利用率是类芬顿研究中的一个重要课题。

6.2 提高氧化剂利用率催化剂的研究实例

6.2.1 提高氧化剂利用率催化剂的制备

将 1g 介孔 SBA-15 样品，等体积浸渍于含量为 8.953×10^{-4} mol 的 $NiCl_2$ 水溶液中，室温下风干，在烘箱中 105℃ 干燥除去残留水分，置于管式炉中 400℃ 焙烧 4h。焙烧后的样品等体积浸渍在含量为 8.953×10^{-4} mol 的 $Fe(NO_3)_3$ 水溶液中，105℃ 干燥，400℃ 下焙烧 4h。将所得样品置于管式炉，H$_2$气氛条件下300℃还原2h，即得NiFe双金属催化剂。为了便于比较和评估催化剂的性能，制备了Fe和Ni单独负载的催化剂，金属负载量和双金属催化剂中相应元素金属负载量相同。此外，还制备了不同金属含量、不同金属比例以及不同还原温度下的催化剂。为了便于区别，在后文中FeO$_x$/NiO$_y$/SBA-15表示双金属催化剂，其特定制备条件为：金属负载总量为原始SBA-15的10%；Ni与Fe摩尔比为1:1；还原温度为300℃；FeO$_x$/SBA-15表示铁单独负载催化剂，NiO$_y$/SBA-15表示镍单独负载催化剂，其中Fe和Ni的金属负载量（以物质的量计）分别与双金属催化剂中金属负载总量相同，还原温度一致。

6.2.2 提高氧化剂利用率催化剂的性能

H$_2$O$_2$自身的氧化能力较差，不能直接高速、彻底的氧化大分子有机污染物，而SBA-15本身不含活性组分，不具有催化作用。当加入双金属负载的催化剂FeO$_x$/NiO$_y$/SBA-15之后，酸性红73获得极高的去除率，30min达到97.6%，1h达到99.3%（图6-1）。

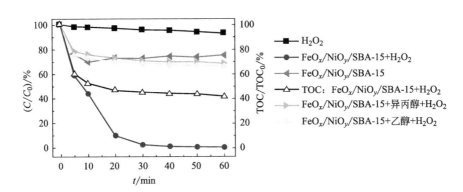

图6-1 提高氧化剂利用率催化剂对酸性红73的催化降解

由于催化剂的载体为介孔的SBA-15，因而对于有机大分子具有一定的吸附作用。为了确认染料的去除是由于芬顿催化降解引起而不是催化剂本身的吸附作用引起，进行了同等反应条件下的吸附实验（不加H$_2$O$_2$），结果表明吸附去除曲线和降解去除曲线具有明显的差别，去除率的差值从5min的18.3%增加到1h的68.0%，表明染料的去除不仅有催化剂本身的吸附贡献，而且主要来源于其较强的催化降解作用。尽管如此，由于酸性红73的浓度是通过紫外可见分光光度计监测的，因此以上实验只能证明染料发生了脱色降解，而不是彻底矿化，事实上后者在污染物的无害化处理中具有更重要的意义。进一步的实验证明染料在 $FeO_x/NiO_y/SBA-15$ 催化作用下，1h 的 TOC 去除率可达到 60% 以上，表明大部分染料完全矿化为无害的和 CO_2 和 H_2O。在芬顿催化反应中，本质上起降解作用的是 H_2O_2 在催化剂作用下形成的·OH，异丙醇和乙醇等探针分子可以证实这种自由基的存在。从图 6-1 中可以看出，加入探针分子后反应受到很大抑制，染料的去除曲线和吸附去除曲线相似，去除率也和吸附作用下的接近，证实了反应中自由基降解过程的存在，表明催化剂具有极强的类芬顿催化性能。

由图 6-1 可知，Fe 和 Ni 的双金属催化剂取得了良好的类芬顿催化效果，然而两种金属各自本身的贡献及两者之间是否具有协同作用不得而知。当单金属催化剂 $FeO_x/SBA-15$ 和 $NiO_y/SBA-15$ 具有与双金属催化剂 $FeO_x/NiO_y/SBA-15$ 中相应金属相同的金属负载量时，各自对酸性红 73 的去除率分别仅为 30% 和 22%（图 6-2）。显而易见，如果将等量的 $FeO_x/SBA-15$ 和 $NiO_y/SBA-15$ 物理混合时，其总体的去除率仍远远低于双金属催化剂 $FeO_x/NiO_y/SBA-15$，显示出单金属催化剂极低的催化活性。当然，将单金属催化剂和双金属催化剂直接比较不恰当的一点是金属总量并不相同，因为铁是较强的类芬顿催化活性金属，镍的角色暂时虽未明确，但也不能忽略。因此将 $FeO_x/SBA-15$ 中铁的负载量提高至和 $FeO_x/NiO_y/SBA-15$ 中金属总量相同时，发现其活性虽有所提高，但仍远低于双金属催化剂。继续提高 $NiO_y/SBA-15$ 中 Ni 的含量也遇到了同样情

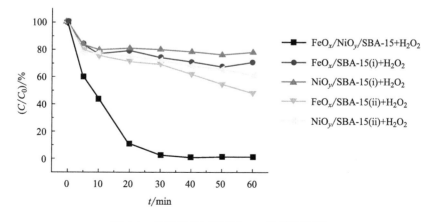

图 6-2 参比样品对酸性红 73 的催化降解

形。由于 $FeO_x/NiO_y/SBA$-15 中 Ni 和 Fe 的摩尔比为 $1:1$，因此事实上 FeO_x/SBA-15 中铁的负载量已经是 $FeO_x/NiO_y/SBA$-15 中铁的负载量的 2 倍，NiO_y/SBA-15 中镍的负载量也是 $FeO_x/NiO_y/SBA$-15 中镍的负载量的 2 倍，然而它们对酸性红 73 的催化去除效果仍低于双金属催化剂 $FeO_{x-}/NiO_y/SBA$-15，意味着两种金属之间强烈的协同作用。

6.2.3 提高氧化剂利用率催化剂的物理结构

染料的催化降解实验证明了催化剂具有极高的催化活性，这与催化剂独特的物理结构有着密切的关系，尤其是纳米粒子大小。根据文献报道，具有相同的化学组成时，纳米粒径越小，催化活性越强，但是小的纳米粒子容易发生团聚，反过来又抑制了催化活性。因此纳米粒子的大小和分散情况直接影响到催化活性。本研究的目的是把活性组分负载到介孔材料的均匀孔道中，由于 SBA 15 的孔径为 $5\sim8nm$，因此纳米粒子的生长将被限定在这个范围之内而具有较小的粒径水平。同时由于 SBA-15 巨大的比表面积，活性组分形成的纳米粒子将均匀分散在表面，从而提高分散性，而且减少了金属负载量，增加了活性位点。由以上可知，如果生长的纳米粒子位于孔道之内，孔道体积将被占据，部分孔道被填充，SBA-15 的比表面积和孔体积都要减小，甚至孔径也会适当的缩小，而形成的纳米粒子的粒径与孔径相当。

N_2 吸附-脱附实验的结果证实了这样的假设（图 6-3）。所有 SBA-15 负载的样品都在相对压力 $p/p_0=0.6\sim0.7$ 附近表现出典型的 IV 型等温线，同时具有 H1 型滞后回线，这正是介孔材料特有的等温线类型，表明负载样品仍然保持着原始 SBA-15 那种规则的孔道结构。但是随着金属含量的增加，即 SBA-15 由未负载到单金属负载，再到双金属负载，材料的比表面积出现了大幅度降低，吸附曲线和脱附曲线形成的封闭面积也在相应减小，说明介孔材料由于负载而比表面积和孔体积缩小，证明了活性组分成功负载于孔道之内。孔径分布曲线表明随着负载，材料的孔径也在相应减小，进一步支持了上面的结果（图 6-4）。表 6-1 详细列出了 SBA-15 在金属负载前后的比表面积、孔体积和孔径数据。从表 6-1 中可以看出，FeNi 双金属负载的样品其比表面积由负载前的 $558m^2/g$ 降到了负载后的 $374m^2/g$，单位孔体积也由 $0.94cm^3/g$ 降到了 $0.55cm^3/g$，孔径也由 $5.75nm$ 收缩到了 $5.11nm$。

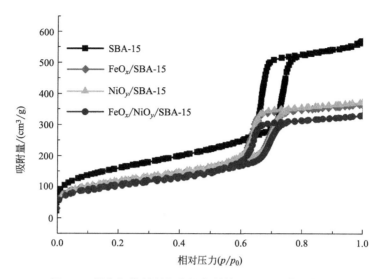

图 6-3　提高氧化剂利用率催化剂的 N_2 吸附-脱附曲线

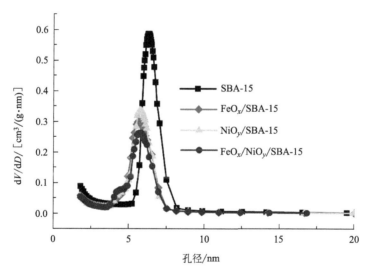

图 6-4　提高氧化剂利用率催化剂的孔径分布曲线

表 6-1　提高氧化剂利用率催化剂的孔径结构参数

样品	比表面积/(m^2/g)	孔体积/(cm^3/g)	孔径/nm
原始 SBA-15	558	0.94	5.75
FeO_x/SBA-15	411	0.62	5.14
NiO_y/SBA-15	414	0.61	5.21
FeO_x/NiO_y/SBA-15	374	0.55	5.11

由于介孔材料在小角 XRD（0.5°～5°）图上出现若干个特征峰，因此小角 XRD 也能为孔道结构和纳米粒子分布提供一定的信息。在 1.02°、1.75° 和 2.03° 附近出现的几个衍射峰对应着介孔材料特有的 (100)、(110) 和 (200) 晶面，而且 $FeO_x/NiO_y/SBA$-15 出峰位置和原始 SBA-15 几乎一样（图 6-5），表明 SBA-15 在负载双金属之后仍然保持着完整的介孔孔道。但是，催化剂 $FeO_x/NiO_y/SBA$-15 在 (100) 处的衍射峰的强度明显小于原始 SBA-15，表明活性组分在介孔孔道内高度分散。

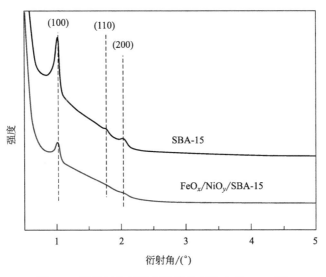

图 6-5　提高氧化剂利用率催化剂的小角 XRD 图

尽管根据材料的比表面积、孔体积和孔径变化等判定活性组分位于孔道之内，但这是间接推断，而不是直接观察的结果，更无法确定活性组分的物理形貌和分散情形。为了进一步观察 SBA-15 孔道内部的负载成分，对样品进行树脂包埋并切片然后在 TEM 下观察是非常必要的，因为常规的 TEM 观察只能看到材料表面，并不能窥视到材料内部结构。根据切片 TEM 照片（图 6-6），金属负载后的样品仍然保持着均匀、完整的孔道结构，和图原始 SBA-15 并无二致，表明负载过程并没有改变孔道的特性，但是单金属和双金属负载所形成的材料形貌却大相径庭。Fe 负载的样品 FeO_x/SBA-15 在孔道内形成的是致密的棒状纳米线，充满整个孔道，而 Ni 负载的样品 NiO_y/SBA-15 在孔道内形成的则是大颗均匀的纳米粒子，平均粒径达 20nm，远远超过了孔道的直径，表明孔道由于镍物种的形成而被撑开。形成鲜明对比的是，Fe 和 Ni 共同负载形成的 $FeO_x/NiO_y/$SBA-15 具有细小的纳米粒子和均匀地分布。根据纳米粒径统计分布图，其上的纳米粒子分布在 5～8nm 之间，远远小于 Ni 单独负载的样品粒径，分散性也比 Ni 和 Fe 单独负载的样品要好，而且其粒径范围和孔道的内径相当，证实了活性组分被负载于孔道之内，而且具有粒子较小、分散性较好的特点。

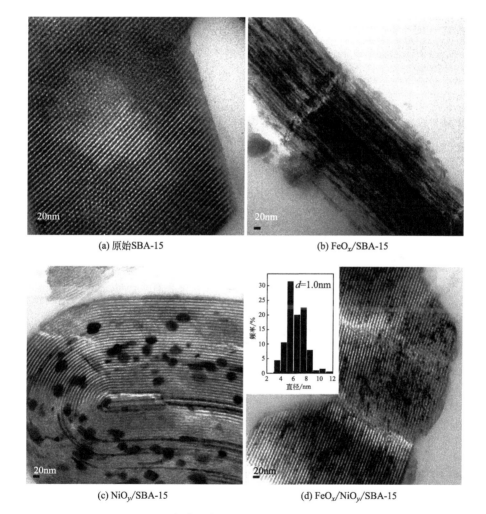

(a) 原始SBA-15　　　　　　　　　(b) FeO_x/SBA-15

(c) NiO_y/SBA-15　　　　　　　　(d) FeO_x/NiO_y/SBA-15

图 6-6　提高氧化剂利用率催化剂的 TEM 图

6.2.4 提高氧化剂利用率催化剂的化学组成

虽然细小的纳米粒子有助于催化剂活性的提高，然而决定物质催化活性的关键在仍在于其化学组成。由单金属和双金属负载的样品在催化活性和物理形貌上的巨大差异可知，双金属组分之间具有较强的协同作用，而且形成了单组分所不具备的新的物相和化学成分。XRD 是物相表征一个有力的工具，不但能得到样品的结晶度，还可以得到确切的物相。显而易见，金属单独负载的样品具有高而尖的衍射峰，而双金属负载的则显得矮而宽（图 6-7），表明其上的纳米粒子呈现细小均匀地分布，这与之前 TEM 的结论是一致的。进一步对其上纳米粒子的物相进行分析，可知在 $33.1°$、$49.4°$、$54.0°$、$62.4°$ 和 $63.9°$ 处的衍射峰，对应 $\alpha\text{-}Fe_2O_3$ 在 (104)、(110)、(024)、(116)、(214) 和 (300) 处的特征峰（JCPDS 卡片号：No.89-0597），表明了 $\alpha\text{-}Fe_2O_3$ 的存在。但是，由于 $35.6°$ 和 $62.4°$ 处的衍射峰与 Fe_3O_4（JCPDS 卡片号：No.888-0315）在此处的衍射峰位置非常接近，因此并不能排除 Fe_3O_4 的存在。此外，$44.5°$ 和 $51.8°$ 处的衍射峰与 Ni 单质（JCPDS 卡片号：No.04-0850）在 (111) 和 (200) 处的

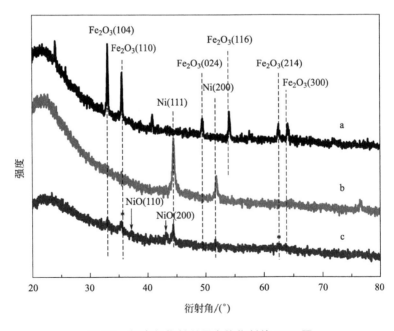

图 6-7 提高氧化剂利用率催化剂的 XRD 图

a—FeO_x/SBA-15；b—NiO_y/SBA-15；c—FeO_x/NiO_y/SBA-15

特征峰相一致，37.2°和43.3°处的衍射峰与NiO（JCPDS卡片号：No. 89-7131）在（110）和（200）处的特征峰相一致，表明零价Ni和NiO存在。

催化剂的活性依赖于元素的化学态，XRD虽然证实了一些结晶相的存在，然而并不能获得物质表面元素的氧化态和原子的连接形式，XPS能够在这一方面提供有用的信息。样品$FeO_x/NiO_y/SBA-15$上Fe元素的Fe $2p_{3/2}$结合能在711.1eV处的吸收峰、Fe $2p_{1/2}$结合能在724.9eV处的吸收峰，以及相应的位于718eV处的卫星峰（图6-8）共同表明Fe元素主要以Fe(Ⅲ)形式存在，而且主要存在于$\alpha-Fe_2O_3$相中。另一方面，处于856.4eV和874.2eV处的吸收峰以及相应的863eV处较宽的卫星峰既不属于零价Ni也不属于NiO，因为856.4eV处归属于Ni $2p_{3/2}$的吸收峰结合能要高于NiO（854.6～854.9eV），这是由于镍和载体表面之间存在着强烈的相互作用所致。

尽管XRD提供了催化剂表面的物相信息，但是它只适用于结晶态部分，对非晶相则无能为力。同样，XPS获得了元素的氧化态，但只是表面层的信息，不能检测体相更深层原子的化学态信息。近年来兴起并在结构分析方面广泛使用的XANES技术则能综合XRD和XPS的特点，并能够同时确定催化剂表面和体相中元素的化学态、配位原子、配位数等局域结构信息。这表现为当中心原子所处的化学态不同时，例如中心原子的元素种类、氧化态、配位原子和配位数具有差别，则在XANES上表现为不同的吸收谱轮廓和吸收边，吸收边的位置与氧化数有关，因此可以方便的根据吸收边和吸收峰的位置及形状确定元素的氧化态。$FeO_x/NiO_y/SBA-15$上Fe元素的K吸收边与Fe_2O_3非常相像，边前峰的位置和强度也与Fe_2O_3的谱图相符性很好（图6-9），表明催化剂上的Fe和O相配位，而且主要以Fe_2O_3形式存在。但是和Fe_2O_3谱图稍微不同的是，在7132.7eV处的主峰所在的位置并不完全和Fe_2O_3重合，而是位于Fe_3O_4和Fe_2O_3之间，而且在7130eV处Fe_2O_3所特有的的肩峰没有出现，表明部分Fe以Fe_3O_4形式存在。同样，根据Ni元素的K边XANES谱图，$FeO_x/NiO_y/SBA-15$上Ni元素所展现的谱图轮廓和镍氧化物类似，但是和任何一个都不完全相同，表明Ni元素以多价态形式共存。为了定量得到催化剂上Fe和Ni元素各个化学态的组成和所占的比例，谱图经归一化后并进行了线性拟合（表6-2）。拟合结果表明催化剂上的Fe元素主要以

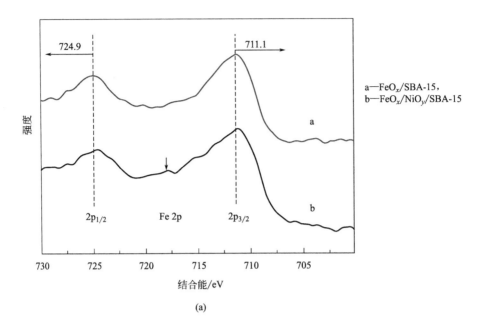

(a)

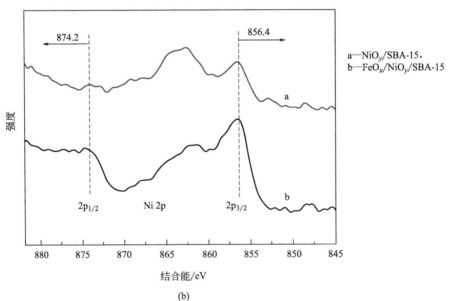

(b)

图 6-8　提高氧化剂利用率催化剂的 XPS 谱图

Fe_3O_4 和 Fe_2O_3 形式存在，而 Ni 元素为 Ni(0) 和 NiO 共存，这个结果与 XRD 和 XPS 所得结果高度一致。

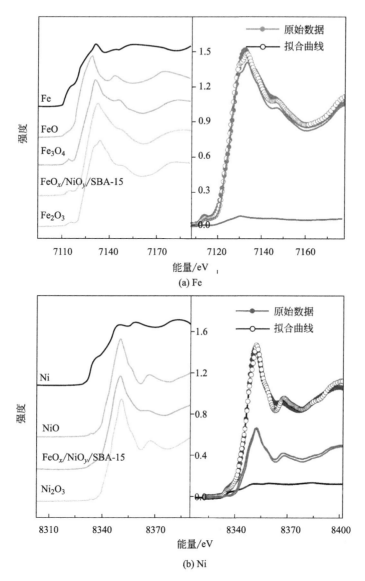

图 6-9　提高氧化剂利用率催化剂的 XANES 图谱

表 6-2　SBA-15 提高氧化剂利用率催化剂表面元素各化学态分布

标准样品	元素及其化学态				
	Fe		Ni		
	Fe_3O_4	Fe_2O_3	Ni	NiO	Ni^{2+}
FeO_x/SBA-15	7.7%	92.3%	—	—	—
NiO_y/SBA-15	—	—	3.8%	20.4%	75.8%
FeO_x/NiO_y/SBA-15	5.7%	94.3%	13.9%	43.7%	42.4%

087

6.2.5　制备条件对催化活性的影响

由前述的酸性红降解实验可知，Fe 和 Ni 元素在酸性红 73 的降解中表现出明显的协同作用。Fe 属于芬顿金属，Fe 的单质及各个价态的氧化物都具有明显的芬顿作用，但是 Ni 是否具有芬顿特性却未有定论。一些研究人员发现，在 Fe_3O_4 中用 Ni 同晶取代部分 Fe，催化作用有显著提高，认为 Ni 加速了 Fe^{3+} 还原到 Fe^{2+} 的过程。但是另外一些科学家并没有发现反应过程中有·OH 生成，而此物种正是高级氧化过程中，尤其是类芬顿催化过程中主要的活性物种。因此，要了解 Ni 在双金属催化剂中的作用，首先要弄清楚镍物种自身的芬顿行为。因此首先对 Ni^{2+}、Ni（0）和 NiO 在染料降解中的行为进行了研究，这些物质中 Ni 元素的含量（以摩尔计）与 $FeO_x/NiO_y/SBA-15$ 中 Ni 元素的含量相同。在 1h 之内，各个价态的 Ni 物种都没有明显的芬顿降解作用（图 6-10）。进一步增大 Ni 物种的投加量（质量与催化剂性能测试反应中 $FeO_x/NiO_y/SBA-15$ 的使用量相同），同时延长反应时间（图 6-11），发现 Ni 物种对染料都出现了不同程度的催化降解行为，尤其是在 24h 之后极为明显，这表明 Ni 物种具有芬顿或者类芬顿催化行为，但是作用非常缓慢。

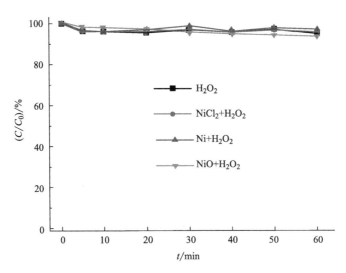

图 6-10　镍物种对酸性红 73 催化降解的比较

为了进一步确定 Ni 在双金属催化剂中的作用，比较了单金属催化剂和不同镍含量的双金属催化剂的类芬顿行为。单金属催化剂具有较弱的芬

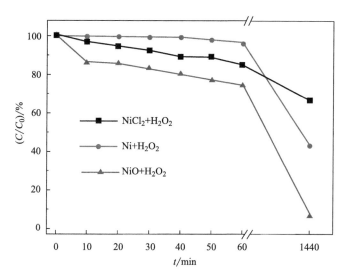

图 6-11 镍物种在 24h 内对酸性红 73 的催化降解

顿降解能力，而保持铁的含量不变，增强镍的含量时，染料去除率明显的增大（图 6-12），表明了镍能促进芬顿反应加速。由于镍物种自身具有一定的降解和催化降解能力，而铁物种具有显而易见的芬顿催化特性，很显然两者的芬顿贡献是不同的。另一方面，当负载金属总量保持不变，而改变两者的比例，Fe 和 Ni 可能形成不同配比的化合物甚至合金，例如镍铁矿 Ni_3Fe、尖晶石 $NiFe_2O_4$ 等形式。研究了总金属含量不变，不同 Ni/Fe

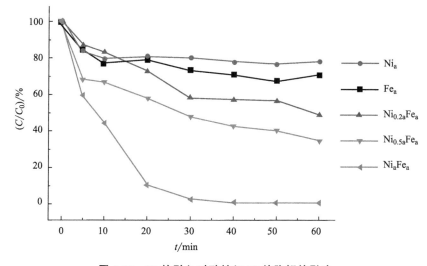

图 6-12 Ni 的引入对酸性红 73 的降解的影响

比浸渍时的染料去除率。结果表明，对于单金属负载样品，即使金属负载总量和双金属完全一样，但是催化降解效果却相差极大（图 6-13），证实了协同效应的存在。在不同配比的负载量实验中，Ni 与 Fe 等摩尔比时所得催化剂的催化效果最佳。

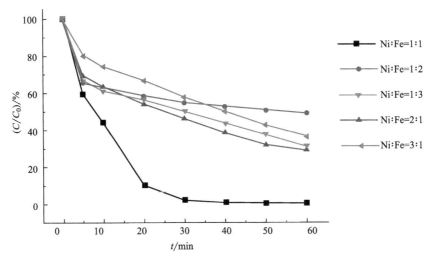

图 6-13　金属比例对酸性红 73 的降解的影响

在催化反应中，催化剂上的活性组分是以特定的物相形式和化学态存在时发挥作用的。通过化学组分的表征已得知催化剂上的 Fe 元素主要以 Fe_3O_4 和 Fe_2O_3 形式存在，而 Ni 元素为 Ni（0）和 NiO 共存。正是这些混合相的存在，催化剂才取得优异的催化活性。根据催化剂制备过程可知，在金属负载之后进行了焙烧，然后进行 H_2 还原。在空气条件下焙烧的结果是形成金属的高价氧化物，而适当温度下的 H_2 还原则能使这些高价氧化物处于某个特定的低价态，因此 H_2 还原的温度对催化剂的性能至关重要。而且随着镍的加入，将形成有区别与铁单独负载时的新相。当还原温度为 200℃时，所得催化剂对染料的催化降解行为与未还原的并无二致。进一步提高还原温度至 300℃、400℃，发现染料去除率都比未还原样品要高，而且随着还原温度的升高而继续增大，但是当温度继续升高到 500℃时，染料去除率却出现了突降（图 6-14）。

不同还原温度下催化剂表现出的催化降解性能差异表明它们含有的活性组分的化学态是不同的。由于 XANES 在价态方面具有优良的准确性和分辨率，对不同还原温度下获得的样品上 Fe 元素和 Ni 元素的 K 吸收边

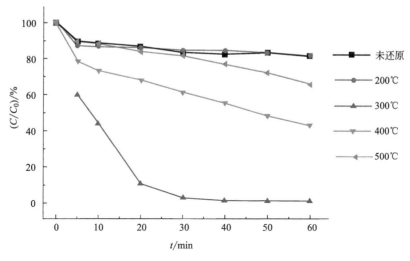

图 6-14　还原温度对酸性红 73 的降解的影响

进行了分析（图 6-15）。当还原温度低于 300℃ 时样品的 Fe K 吸收谱和 Fe$_2$O$_3$ 相同。相应的，样品的 Ni K 吸收谱和 Ni$_2$O$_3$ 相同，表明较低的还原温度不足以使焙烧形成的高价氧化物还原。当还原温度升高时，形成样品上 Fe 元素 K 吸收边和 Ni 元素的 K 吸收边均向低能方向移动，表明 Fe 元素和 Ni 元素主要形成低价化合物，而且随着还原温度升高元素的氧化态降低，直至形成零价的单质。显而易见，300℃ 是一个分水岭，也是最优的还原温度，在此温度下活性组分形成多金属混合氧化物。正是由于这些混合相的存在，催化剂取得较高的催化活性。

6.2.6　反应条件对催化效率的影响

有机物在水溶液中发生类芬顿降解，降解效率受到温度、pH 值、催化剂浓度、H$_2$O$_2$ 浓度、有机物种类和浓度等因素的影响。当温度越高，H$_2$O$_2$ 越容易分解成自由基参与降解反应，因此反应越迅速。但是考虑到污水处理厂或者相关化工厂处理时每天成百上千吨的废水处理量，加热成本巨大，因此工业应用并不现实。对于染料来说，当其种类和浓度一定，催化剂投加量一定时，研究 pH 值和 H$_2$O$_2$ 浓度的影响更重要，pH 值不但影响着催化剂表面的电荷，进而影响催化剂吸附能力，而且影响催化剂的活性，因为大部分催化剂在酸性条件下催化活性更高。但是酸度过低，废水调整需要大量酸碱，造成处理成本升高，而且 H$_2$O$_2$ 更容易质子化形

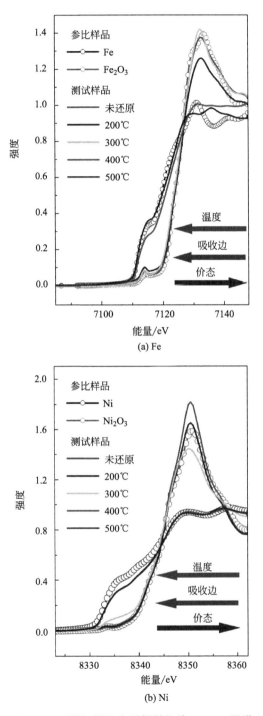

图 6-15 不同还原温度所得样品的 XANES 图谱

成 $H_3O_2^+$，后者不能在催化剂作用下产生·OH降解有机物。更重要的是，催化剂上的负载金属在过低的酸性条件下容易溶出，从而丧失催化活性。催化剂在 pH 值为 3 时具有较高的催化活性，升高 pH 值催化活性迅速下降（图 6-16），而实际上 pH＝3 往往是大部分类芬顿催化剂高效催化所适用的条件，对于本催化剂也是如此。

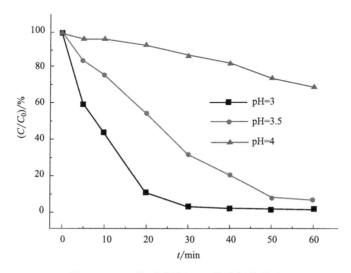

图 6-16 pH 值对酸性红 73 的降解的影响

H_2O_2 在催化剂作用下形成·OH，后者是催化降解时的实际氧化剂。H_2O_2 的浓度与·OH 的产生量密切相关，更何况 H_2O_2 生产成本高、不稳定，在生产、运输、储存和使用的过程中均存在较大安全风险，因此 H_2O_2 的浓度对芬顿催化降解至关重要。当浓度增大时，染料降解速率加快，降解时间缩短（图 6-17）。但是进一步提高浓度 H_2O_2 之后，染料去除速率反而降低。当 H_2O_2 的投加量（初始浓度）逐渐增加时，其消耗率逐渐降低（图 6-18），而 TOC 的去除则先增加，然后逐渐减少，意味着过量的 H_2O_2 并不能增加 TOC 的去除，这是因为过量的 H_2O_2 能够被·OH 反应，从而发生内耗，降低催化效率，TOC 去除率也随之降低。

6.2.7 反应体系氧化剂利用率的计算与评估

根据双氧水利用率（η）计算公式，即

η＝有机物矿化所需要双氧水的量/反应中消耗掉双氧水的量　（6-1）

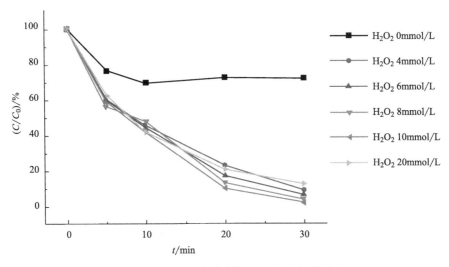

图 6-17　H₂O₂ 浓度对酸性红 73 的降解的影响

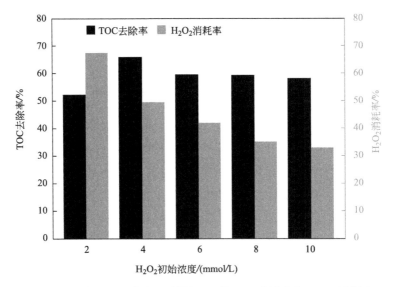

图 6-18　不同 H₂O₂ 浓度下酸性红 73 的 TOC 去除率和 H₂O₂ 消耗率

　　本研究制备的催化剂 $FeO_x/NiO_y/SBA-15$ 在反应 1h 后其 TOC 去除率和双氧水利用率计算结果见表所示。在传统的均相芬顿催化中，Fe^{2+} 是使用最广泛也是最有效的催化剂，因此对相同条件下 Fe^{2+} 作为催化剂时的 TOC 去除率和双氧水利用率进也行了考察。

　　由表 6-3 可以看出，$FeO_x/NiO_y/SBA-15$ 对酸性红 73 的 TOC 去除率

比同条件下 Fe^{2+} 高出 8.3%，双氧水利用率则是 Fe^{2+} 的 3.3 倍。当把 H_2O_2 的初始浓度降低到 4.0mmol/L 时，TOC 去除率可达 65.81%，而双氧水利用率高达 95% 以上，表明 H_2O_2 几乎全部参与有机物的矿化过程，而不是分解为对降解、矿化无用的 H_2O 和 O_2。

$$C_{22}H_{14}N_4Na_2O_7S_2 + 61H_2O_2 \longrightarrow 22CO_2 + 65H_2O + 4HNO_3 + H_2SO_4 + Na_2SO_4$$
$$(6-2)$$

表 6-3　TOC 去除率和 H_2O_2 利用率

催化剂	TOC 去除率/%	η/%[1]	η/%[2]
$FeO_x/NiO_y/SBA-15$[3]	58.13	93.41	30.73
$FeO_x/NiO_y/SBA-15$[4]	65.81	>95	87.35
Fe^{2+}[5]	49.81	28.56	27.30
Fe-Cu oxides	39	42	28.5
$BiFeO_3$	90	64.4	6.57
Fe_3O_4	6	7.06	0.44
Fe_3O_4	51	73	31.2

[1] 根据文献方法计算。
[2] 根据 H_2O_2 加入量计算。
[3] H_2O_2 初始浓度为 10.0mmol/L。
[4] H_2O_2 初始浓度为 4.0mmol/L。
[5] 用 $FeSO_4$ 作为均相催化剂 Fe^{2+} 的来源，H_2O_2 初始浓度为 10.0mmol/L

虽然文献给出了计算催化剂对双氧水利用率的方法，但是此式（6-1）中的分母是消耗掉的 H_2O_2，而不是反应初始加入的 H_2O_2，这种方法的不足在于没有考虑过量的 H_2O_2，因为过量的双氧水无法回收再次使用，从而造成巨大浪费。因此以反应（6-2）中加入的总的双氧水代替式（6-1）中消耗掉的双氧水，再次计算了双氧水利用率，数据表明催化剂 $FeO_x/NiO_y/SBA-15$ 具有极高的双氧水利用率，不但高于同条件下 Fe^{2+}，并且超过文献报道的几种双金属催化剂。

6.2.8　提高氧化剂利用率催化剂的重复利用性

从实际应用的角度考虑，催化剂的重复利用性无疑是类芬顿催化降解中最重要指标之一。将使用过的催化剂离心分离、洗涤、干燥之后，继续投加到溶液中进行第 2 次反应，并利用紫外可见分光光度计监测染料浓度的变化，直到降解率达到 98% 以上，然后进行第 3 次实验，如此直到催化剂在 1h 内对染料的催化降解去除率低于 90%。在重复使用 7 次之后，催化剂仍然能保持高达 90% 以上（图 6-19），表明催化剂具有优良的重复利用性能。而并没有使用高温焙烧和 H_2 还原等过程进行活化，大大降低了催化剂重复利用成本。

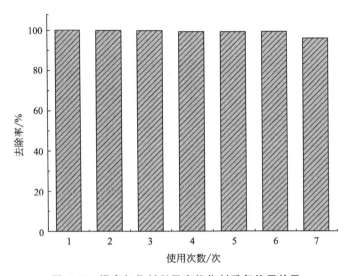

图 6-19　提高氧化剂利用率催化剂重复使用效果

实际上，催化剂要重复利用，其分离性能至关重要，而非均相催化剂取代传统的均相催化剂的重要优势之一即是具有良好的分离和回收性能。由于本研究所制备的催化剂以 SBA-15 为载体，通过离心或过滤等方式自然可以方便回收，但是这种操作在实际应用时并不方便。因为 SBA-15 的粉体粒径为 3~5μm，实验中采用 0.22μm 虽然可以过滤，但是工业上大规模利用时对膜的需求大、成本高。在对催化剂的化学组成经过表征之后已经知晓催化剂中含有零价 Ni 和 Fe_3O_4，很显然这两种组分都可以被磁铁吸引，在水溶液中能够通过磁铁分离回收。经过研究催化剂 FeO_x/NiO_y/SBA-15 的磁化曲线之后，发现其饱和磁化率（M_s）、剩磁（M_r）和矫顽力（H_c）分别为 3.36emu/g、0.922emu/g 和 472.07 Oe，表明催化剂具有铁磁性，而相对较低的饱和磁化率可以使催化剂在磁性分离之后再次容易的分散开，从而有利于下一次重复利用。实验也证实了此催化剂在水溶液可以方便地通过磁铁分离（图 6-20）。

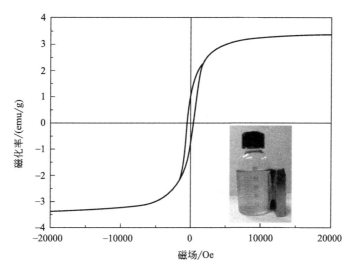

图 6-20 提高氧化剂利用率催化剂的磁化曲线及在水溶液中的磁性分离图

6.2.9 提高氧化剂利用率催化剂的作用机制

本研究制备的催化剂具有优异的催化性能，一方面与粒径细小、分布均匀的纳米粒子有关，另一方面与纳米粒子中所具有的独特的混合相有关，即这些混合氧化物之间的协同作用。精细的纳米粒子是通过 SBA-15 特定的孔道负载来实现的，事实上还与浸渍顺序以及铁和镍这两种元素的性质相关。因为当两者分别负载时，即使含有相同摩尔的金属，两者形成的材料形貌却有天壤之别，即铁物种形成长长的纳米线，而镍物种形成大的分散性良好的纳米粒子。因此，当镍先被负载时，形成纳米粒子具有良好的形貌。这可以被解释如下：一方面，先行生长的、容易分散的镍物种起到"种子"作用，以利于后负载的铁氧化物的生长，形成分散性颗粒；同时由于浸渍液为酸性，先前焙烧形成的镍氧化物部分发生溶解，和后负载的铁物种一起生长，成为细小颗粒，而实际上也并没有观察到单独的铁纳米粒子和镍纳米粒子。从 SEM-EDX 图像也可以看出，采用先负载镍后负载铁的浸渍顺序，即将铁氧化物沉积在镍氧化物之上，Fe 和 Ni 元素的分布重合，而且与载体 SBA-15 的基本元素 Si 和 O 分布一致，呈现出高度均匀、高度分散的状态（图 6-21）。

精细的纳米粒子有助于提高催化活性，而催化剂中的混合氧化物形成的多种活性组分在类芬顿降解中扮演了更重要的角色。这些组分相互配

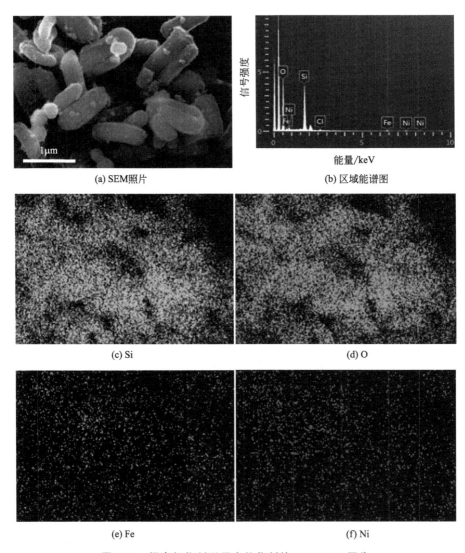

(a) SEM照片

(b) 区域能谱图

能量/keV

(c) Si

(d) O

(e) Fe

(f) Ni

图 6-21 提高氧化剂利用率催化剂的 SEM-EDX 图像

合，使得催化剂取得优异的催化效果。由催化剂的表征结果可知，催化剂含有 Fe_3O_4、Fe_2O_3、$Ni(0)$ 和 NiO。有趣的是，铁物种在 300℃ 还原下仍以氧化物形式存在，而部分镍物种却以单质形式存在，而 $Ni(0)$ 的铁磁性有助于催化剂的磁性分离。这是因为 Fe-O 键能高达 407kJ/mol，而 Ni-O 只有 366kJ/mol，因此在相同还原温度下 Ni_2O_3 的 Ni-O 更容易断裂形成 $Ni(0)$。在所有活性组分中，Fe_3O_4 和 Fe_2O_3 具有芬顿催化效率已经得到广泛的研究和证明，而对于 $Ni(0)$ 和 NiO 的芬顿行为则报道甚少，且观点不一。由标准电极电势可知，$E^0_{H_2O_2/H_2O}$ 为 $+1.776V$，$E^0_{Ni(II)/Ni}$ 仅为 $-0.25V$，而 $E^0_{Ni(III)/Ni(II)}$ 高达为 $+1.74V$，因此理论上 Ni（0）不具有芬顿催化效应，而只有 NiO 满足发生芬顿效应的条件。结合实验结果，Ni（0）所表现出的微弱降解实际上是 Ni（0）被 H_2O_2 氧化为 NiO，然后 NiO 催化染料降解。但由于 $E^0_{Ni(III)/Ni(II)}$ 和 $E^0_{H_2O_2/H_2O}$ 差值很小，意味着 NiO 和 H_2O_2 之间的氧化还原反应非常微弱，这也是很多文献报道没有检测到·OH 的原因。同时考虑到 $E^0_{Fe(III)/Fe(II)}$ 为 $+0.771V$，因此 Fe（Ⅲ）可以方便地通过 Ni（0）还原到 Fe（Ⅱ），即 Fe（Ⅲ）＋Ni（0）→Fe（Ⅱ）＋Ni（Ⅱ）。由此可知，镍物种只有二价镍（NiO 和 Ni^{2+}）具有极其微弱的芬顿效应，单质和其他氧化物不能催化芬顿反应，即对 H_2O_2 表现为惰性。因此在 Fe-Ni 形成的界面上，镍物种的活性远远低于铁物种，相当于延长了 H_2O_2 的寿命，减少了 H_2O_2 分解为 H_2O 和 O_2 的机会，增大了 H_2O_2 的利用率。

综上所述，当染料分子吸附到催化剂表面之后，通过催化剂活性组分的协同作用降解，这些反应同时或者依次发生，反应式如下：

$$Fe(III) + Ni(0) \rightarrow Fe(II) + Ni(II) \qquad (6-3)$$

$$Ni(II) + H_2O_2 \rightarrow Ni(III) + \cdot OH + OH^- \qquad (6-4)$$

$$Fe(II) + H_2O_2 \rightarrow Fe(III) + \cdot OH + OH^- \qquad (6-5)$$

$$酸性红 73 + \cdot OH \rightarrow CO_2 + H_2O \qquad (6-6)$$

参考文献

[1] Shi J, Ai Z, Zhang L. Fe@Fe$_2$O$_3$ core-shell nanowires enhanced Fenton oxidation by accelerating the Fe（Ⅲ）/Fe（Ⅱ）cycles [J]. Water Research, 2014, 59: 145-153.

[2] Navalon S, Martin R, Alvaro M, et al. Gold on diamond nanoparticles as a highly efficient Fenton catalyst [J]. Angewandte Chemie-International Edition, 2010, 49 (45): 8403-8407.

[3] Cai J, Ma H, Zhang J, et al. Gold nanoclusters confined in a supercage of Y zeolite for aerobic oxidation of HMF under mild conditions [J]. Chemistry-A European Journal, 2013, 19 (42): 14215-14223.

[4] Rossy C, Majimel J, Fouquet E, et al. Stabilisation of Carbon-Supported Palladium Nanoparticles through the Formation of an Alloy with Gold: Application to the Sonogashira Reaction [J]. Chemistry-a European Journal, 2013, 19 (42): 14024-14029.

[5] Yang G, Tsubaki N, Shamoto J, et al. Confinement effect and synergistic function of H-ZSM-5/Cu-ZnO-Al$_2$O$_3$ capsule catalyst for one-step controlled synthesis [J]. Journal of the Ameri-

can Chemical Society，2010，132（23）：8129-8136.

[6] Yang J，Zhang H，Yu M，et al. High-content, well-dispersed γ-Fe$_2$O$_3$ nanoparticles encapsulated in macroporous silica with superior arsenic removal performance [J]. Advanced Functional Materials，2014，24（10）：1354-1363.

[7] Lu A H，Nitz J J，Comotti M，et al. Spatially and size selective synthesis of Fe-based nanoparticles on ordered mesoporous supports as highly active and stable catalysts for ammonia decomposition [J]. Journal of the American Chemical Society，2010，132（40）：14152-14162.

[8] Wang P F，Jin H X，Chen M，et al. Microstructure and magnetic properties of highly ordered SBA-15 nanocomposites modified with Fe$_2$O$_3$ and Co$_3$O$_4$ nanoparticles [J]. Journal of Nanomaterials，2012，2012（1-7）.

[9] Vilarrasa-Garc A E，Azevedo D C，Braos-Garc A P，et al. Synthesis and characterization of metal-supported mesoporous silicas applied to the adsorption of benzothiophene [J]. Adsorption Science & Technology，2011，29（7）：691-704.

[10] Ungureanu A，Dragoi B，Chirieac A，et al. Composition-dependent morphostructural properties of Ni Cu oxide nanoparticles confined within the channels of ordered mesoporous SBA-15 silica [J]. ACS Applied Materials & Interfaces，2013，5（8）：3010-3025.

[11] Xia M，Long M，Yang Y，et al. A highly active bimetallic oxides catalyst supported on Al-containing MCM-41 for Fenton oxidation of phenol solution [J]. Applied Catalysis B：Environmental，2011，110：118-125.

[12] Cornu C，Bonardet J L，Casale S，et al. Identification and location of iron species in Fe/SBA-15 catalysts：interest for catalytic Fenton reactions [J]. The Journal of Physical Chemistry C，2012，116（5）：3437-3448.

[13] Rossy C，Majimel J，Fouquet E，et al. Stabilisation of carbon-supported palladium nanoparticles through the formation of an alloy with gold：application to the Sonogashira reaction [J]. Chemistry-A European Journal，2013，19（42）：14024-14029.

[14] Lim H，Lee J，Jin S，et al. Highly active heterogeneous Fenton catalyst using iron oxide nanoparticles immobilized in alumina coated mesoporous silica [J]. Chemical Communications，2006，4：463-465.

[15] Tian B，Wang T，Dong R，et al. Core-shell structured γ-Fe$_2$O$_3$@SiO$_2$@AgBr：Ag composite with high magnetic separation efficiency and excellent visible light activity for acid orange 7 degradation [J]. Applied Catalysis B：Environmental，2014，147：22-28.

[16] Brezesinski T，Groenewolt M，Antonietti M，et al. Crystal-to-crystal phase transition in self-assembled mesoporous iron oxide films [J]. Angewandte Chemie，2006，45（5）：781-784.

[17] Christoskova S G，Danova N，Georgieva M，et al. Investigation of a nickel oxide system for heterogeneous oxidation of organic compounds [J]. Applied Catalysis A：General，1995，128（2）：219-229.

[18] Tušar N N，Maučec D，Rangus M，et al. Manganese Functionalized Silicate Nanoparticles as

100

a Fenton-Type Catalyst for Water Purification by Advanced Oxidation Processes (AOP) [J]. Advanced Functional Materials, 2012, 22 (4): 820-826.

[19] De Souza W F, Guimar ES I R, Oliveira L C, et al. Effect of Ni incorporation into goethite in the catalytic activity for the oxidation of nitrogen compounds in petroleum [J]. Applied Catalysis A: General, 2010, 381 (1): 36-41.

[20] Lee C, Sedlak D L. Enhanced formation of oxidants from bimetallic nickel-iron nanoparticles in the presence of oxygen [J]. Environmental Science & Technology, 2008, 42 (22): 8528-8533.

[21] Chen G, Zhao Y, Fu G, et al. Interfacial effects in iron-nickel hydroxide-platinum nanoparticles enhance catalytic oxidation [J]. Science, 2014, 344 (6183): 495-499.

[22] Deng Y, Cai Y, Sun Z, et al. Multifunctional mesoporous composite microspheres with well-designed nanostructure: a highly integrated catalyst system [J]. Journal of the American Chemical Society, 2010, 132 (24): 8466-8473.

[23] Nidheesh P V, Gandhimathi R, Ramesh S T. Degradation of dyes from aqueous solution by Fenton processes: a review [J]. Environmental Science and Pollution Research, 2013, 20 (4): 2099-2132.

[24] Li W, Zhao S, Qi B, et al. Fast catalytic degradation of organic dye with air and MoO_3: Ce nanofibers under room condition [J]. Applied Catalysis B: Environmental, 2009, 92 (3-4): 333-340.

[25] Rache M L, Garc A A R, Zea H R, et al. Azo-dye orange II degradation by the heterogeneous Fenton-like process using a zeolite Y-Fe catalyst-Kinetics with a model based on the Fermi's equation [J]. Applied Catalysis B: Environmental, 2014, 146: 192-200.

[26] Luo W, Zhu L, Wang N, et al. Efficient removal of organic pollutants with magnetic nanoscaled $BiFeO_3$ as a reusable heterogeneous Fenton-like catalyst [J]. Environmental science & technology, 2010, 44 (5): 1786-1791.

[27] Hermanek M, Zboril R, Medrik I, et al. Catalytic efficiency of iron (III) oxides in decomposition of hydrogen peroxide: competition between the surface area and crystallinity of nanoparticles [J]. Journal of the American Chemical Society, 2007, 129 (35): 10929-10936.

[28] Luo M, Yuan S, Tong M, et al. An integrated catalyst of Pd supported on magnetic Fe_3O_4 nanoparticles: simultaneous production of H_2O_2 and Fe^{2+} for efficient electro-Fenton degradation of organic contaminants [J]. Water Research, 2014, 48: 190-199.

[29] Xu L, Wang J. Fenton-like degradation of 2,4-dichlorophenol using Fe_3O_4 magnetic nanoparticles [J]. Applied Catalysis B: Environmental, 2012, 123-124: 117-126.

[30] Wang Y, Zhao H, Li M, et al. Magnetic ordered mesoporous copper ferrite as a heterogeneous Fenton catalyst for the degradation of imidacloprid [J]. Applied Catalysis B: Environmental, 2014, 147: 534-545.

[31] Yalfani M S, Contreras S, Llorca J, et al. Simultaneous in situ generation of hydrogen perox-

ide and Fenton reaction over Pd Fe catalysts [J]. Physical chemistry chemical physics: PC-CP, 2010, 12 (44): 14673-14676.

[32] Li X, Liu X, Xu L, et al. Highly dispersed Pd/PdO/Fe$_2$O$_3$ nanoparticles in SBA-15 for Fenton-like processes: confinement and synergistic effects [J]. Applied Catalysis B: Environmental, 2015, 165: 79-86.

[33] Lee H, Kim S, Lee D W, et al. Direct synthesis of hydrogen peroxide from hydrogen and oxygen over a Pd core-silica shell catalyst [J]. Catalysis Communications, 2011, 12 (11): 968-971.

[34] Yalfani M S, Contreras S, Medina F, et al. Direct generation of hydrogen peroxide from formic acid and O$_2$ using heterogeneous Pd/γ-Al$_2$O$_3$ catalysts [J]. Chemical communications, 2008, 33: 3885-3887.

[35] Ntainjua E N, Piccinini M, Freakley S J, et al. Direct synthesis of hydrogen peroxide using Au-Pd-exchanged and supported heteropolyacid catalysts at ambient temperature using water as solvent [J]. Green Chemistry, 2012, 14 (1): 170.

[36] Contreras S, Yalfani M S, Medina F, et al. Effect of support and second metal in catalytic in-situ generation of hydrogen peroxide by Pd-supported catalysts: application in the removal of organic pollutants by means of the Fenton process [J]. Water Science & Technology, 2011, 63 (9): 2017.

[37] Xu J, Ouyang L, Da G-J, et al. Pt promotional effects on Pd-Pt alloy catalysts for hydrogen peroxide synthesis directly from hydrogen and oxygen [J]. Journal of Catalysis, 2012, 285 (1): 74-82.

[38] Ouyang L, Da G-J, Tian P-F, et al. Insight into active sites of Pd-Au/TiO$_2$ catalysts in hydrogen peroxide synthesis directly from H$_2$ and O$_2$ [J]. Journal of Catalysis, 2014, 311: 129-136.

[39] Park S, Lee J, Song J H, et al. Direct synthesis of hydrogen peroxide from hydrogen and oxygen over Pd/HZSM-5 catalysts: Effect of Brönsted acidity [J]. Journal of Molecular Catalysis A: Chemical, 2012, 363: 230-236.

[40] Choudhary V R, Samanta C, Jana P. A novel route for in-situ H$_2$O$_2$ generation from selective reduction of O$_2$ by hydrazine using heterogeneous Pd catalyst in an aqueous medium [J]. Chemical Communications, 2005, 43): 5399-5401.

[41] Yalfani M S, Contreras S, Medina F, et al. Hydrogen substitutes for the in situ generation of H$_2$O$_2$: An application in the Fenton reaction [J]. Journal of Hazardous Materials, 2011, 192 (1): 340-346.

[42] Choudhary V R, Jana P. Factors influencing the in situ generation of hydrogen peroxide from the reduction of oxygen by hydroxylamine from hydroxylammonium sulfate over Pd/alumina [J]. Applied Catalysis A: General, 2008, 335 (1): 95-102.

[43] Choudhary V R, Jana P. In situ generation of hydrogen peroxide from reaction of O$_2$ with hy-

droxylamine from hydroxylammonium salt in neutral aqueous or non-aqueous medium using reusable Pd/Al$_2$O$_3$ catalyst [J]. Catalysis Communications, 2007, 8 (11): 1578-1582.

[44] Choudhary V R, Jana P, Bhargava S K. Reduction of oxygen by hydroxylammonium salt or hydroxylamine over supported Au nanoparticles for in situ generation of hydrogen peroxide in aqueous or non-aqueous medium [J]. Catalysis Communications, 2007, 8 (5): 811-816.

[45] Wang Z J, Xie Y B, Liu C J. Synthesis and characterization of noble metal (Pd, Pt, Au, Ag) nanostructured materials confined in the channels of mesoporous SBA-15 [J]. The Journal of Physical Chemistry C, 2008, 112 (50): 19818-19824.

[46] Hsieh S, Lin P-Y. FePt nanoparticles as heterogeneous Fenton-like catalysts for hydrogen peroxide decomposition and the decolorization of methylene blue [J]. Journal of Nanoparticle Research, 2012, 14 (6):

[47] Cui Z M, Chen Z, Cao C Y, et al. A yolk-shell structured Fe$_2$O$_3$@mesoporous SiO$_2$ nanoreactor for enhanced activity as a Fenton catalyst in total oxidation of dyes [J]. ChemCommun, 2013, 49 (23): 2332-2334.

[48] Shen C, Shen Y, Wen Y, et al. Fast and highly efficient removal of dyes under alkaline conditions using magnetic chitosan-Fe (Ⅲ) hydrogel [J]. Water Research, 2011, 45 (16): 5200-5210.

[49] Liu Y, Zhang J, Hou W, et al. A Pd/SBA-15 composite: synthesis, characterization and protein biosensing [J]. Nanotechnology, 2008, 19 (13): 135707.

[50] Yang X J, Xu X M, Xu J, et al. Iron oxychloride (FeOCl): an efficient fenton-like catalyst for producing hydroxyl radicals in degradation of organic contaminants [J]. Journal of the American Chemical Society, 2013, 135 (43): 16058-16061.

[51] Wang Y, Zhao H, Zhao G. Iron-copper bimetallic nanoparticles embedded within ordered mesoporous carbon as effective and stable heterogeneous Fenton catalyst for the degradation of organic contaminants [J]. Applied Catalysis B: Environmental, 2015, 164: 396-406.

[52] Baldrian P, Merhautov V, GABRIEL J, et al. Decolorization of synthetic dyes by hydrogen peroxide with heterogeneous catalysis by mixed iron oxides [J]. Applied Catalysis B: Environmental, 2006, 66 (3): 258-264.

[53] Yang S, Zhang W, Xie J, et al. Fe$_3$O$_4$@SiO$_2$ nanoparticles as a high-performance Fenton-like catalyst in a neutral environment [J]. RSC Advances, 2015, 5 (7): 5458-5463.

[54] Tian S H, Tu Y T, Chen D S, et al. Degradation of Acid Orange Ⅱ at neutral pH using Fe$_2$(MoO$_4$)$_3$ as a heterogeneous Fenton-like catalyst [J]. Chemical Engineering Journal, 2011, 169 (1-3): 31-37.

[55] Ramankutty C, Sugunan S. Surface properties and catalytic activity of ferrospinels of nickel, cobalt and copper, prepared by soft chemical methods [J]. Applied Catalysis A: General, 2001, 218 (1): 39-51.

[56] Strlič M, Kolar J, Šelih V-S, et al. A comparative study of several transition metals in Fen-

ton-like reaction systems at circum-neutral pH [J]. Acta Chimica Slovenica，2003，50（4）：619-632.

[57] Zhang W，Chi Z X，Mao W X，et al. One-nanometer-precision control of Al_2O_3 nanoshells through a solution-based synthesis route [J]. Angewandte Chemie-International Edition，2014，126（47）：12990-12994.

[58] Patra A K，Dutta A，Bhaumik A. Mesoporous core-shell Fenton nanocatalyst：a mild，operationally simple approach to the synthesis of adipic acid [J]. Chemistry-A European Journal，2013，19（37）：12388-12395.

[59] Pereira M，Oliveira L，Murad E. Iron oxide catalysts：Fenton and Fenton-like reactions-a review [J]. Clay Minerals，2012，47（3）：285-302.

[60] 刘伟京. 印染废水深度降解工艺及工程应用研究 [D]. 南京：南京理工大学，2013.

第7章

负载型金属催化剂在原位产生 H_2O_2 中的应用

7.1 原位产生 H_2O_2 的研究意义

在类芬顿催化氧化中，都要加入 H_2O_2 作为氧化剂。在催化剂的作用下，H_2O_2 形成·OH 氧化有机物。由于 H_2O_2 是一次性大量加入的，从而造成利用率较低，而且多余的 H_2O_2 无法回收继续使用，造成 H_2O_2 消耗、浪费量巨大。事实上，H_2O_2 是一种昂贵的商品，且性质极不稳定，容易发生爆炸和分解，在生产、储存、运输和使用方面均存在巨大的安全风险。因此，以便利、安全的方式提供类芬顿降解需要的氧化剂 H_2O_2、提高 H_2O_2 利用率，是类芬顿催化剂研究的一个重要课题。

最近，以贵金属 Pd 为主要金属的类芬顿催化剂引起了格外注意，因为在 Pd 的作用下，一些供氢物质和 O_2（甚至空气）能够原位产生 H_2O_2。这种方式的优点在于由于 H_2O_2 是缓慢、逐步的产生，能够保证 H_2O_2 完全被利用，避免了无效的分解，大大提高了 H_2O_2 的利用率。已经报道的供氢物质有氢气（H_2）、肼（NH_2-NH_2）、羟胺（NH_2OH）和甲酸（HCOOH），其中甲酸便宜而且安全，最具有应用价值，因而研究的也最多。根据研究，甲酸可以通过 Pd 催化剂首先分解为 CO_2 和 H_2，然后在催化剂作用下 H_2 和 O_2 形成 H_2O_2。尽管若干研究都认为在原位产生 H_2O_2 中是零价 Pd 在起作用，但是 Pd 单独作用有限，在反应中去除效率和速率均较低。另一方面，Pd 是一种贵金属，价格昂贵，单独负载 Pd 会造成资源浪费，效率低下。因此制备高效的类芬顿催化剂，降低制备成本并探讨其中的机理具有重要作用。

7.2 原位产生 H_2O_2 催化剂的研究实例

7.2.1 原位产生 H_2O_2 催化剂的制备

将一定量 SBA-15 与 Fe（NO_3）$_3$ 溶液等体积浸渍后晾干，烘箱中 85℃干燥过夜，继续 105℃干燥 3h，然后在管式炉中 400℃焙烧 3h。焙烧后的样品以相同方法等体积浸渍于 $PdCl_2$ 溶液中。其中 $PdCl_2$ 溶液通过无水 $PdCl_2$ 粉末加入 1∶1 的浓盐酸溶解，加热并不断搅拌，直到溶液变为透明的深褐色之后获得。浸渍样品在室温干燥、焙烧之后置于管式炉中 H_2 气氛条件下还原 2h（温度为 200～500℃），所得样品研磨以备用，命名为 FePd-SBA。为了便于比较，制备了 Fe 和 Pd 单独负载的催化剂以及无孔 SiO_2 负载的双金属催化剂，分别命名为 Fe-SBA、Pd-SBA 和 FePd-SiO_2。

7.2.2 原位产生 H_2O_2 催化剂的结构

根据 N_2 吸附-脱附曲线的形状可以得出材料的孔道结构、比表面积和孔径等信息。原位产生 H_2O_2 催化剂 FePd-SBA 在相对压力 $p/p_0=$ 0.5～0.8 附近表现出典型的Ⅳ型等温线，同时具有 H1 型滞后回线（图 7-1），但是在 $p/p_0=0.7$ 之处具有不规则的凹陷，表明负载后孔道并不是完全均一的介孔形状。与之相比，SiO_2 负载的双金属样品 FePd-SiO_2 没有显示出明显的滞后回线，这与其载体的无孔性状是对应的。孔径分布曲线表明 FePd-SBA 的孔径呈双峰分布，分别在 4.4nm 和 6.4nm 处（图 7-2）。由于这两种孔径分布仍处于介孔范围，而且以 4.4nm 的分布居主要地位，小于原始 SBA-15 的孔径，表明由于活性组分的负载和纳米材料的生长，孔道被填充，形成曲折蜿蜒的结构，而不再是单纯的规则孔道。而 FePd-SiO_2 所展示的平滑曲线则表明 SiO_2 在负载前后都没有空隙生成。

表 7-1 列出了负载样品详细的比表面积、孔体积和孔径分布，其中 SBA-15 在负载之后比表面积、孔体积和孔径都具有很大程度下降，表明活性组分位于孔道内，与前面的结论相一致。

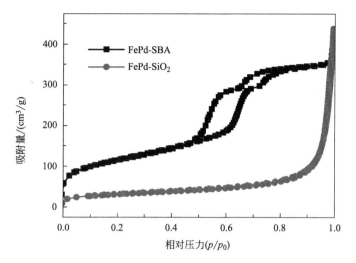

图 7-1　原位产生 H₂O₂ 催化剂的 N₂ 吸附-脱附曲线

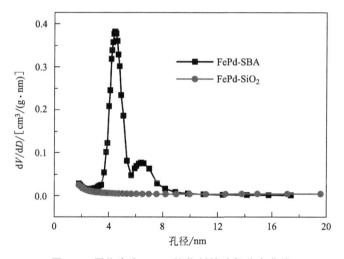

图 7-2　原位产生 H₂O₂ 催化剂的孔径分布曲线

表 7-1　原位产生 H₂O₂ 催化剂的孔结构参数

样品	比表面积/(m²/g)	孔体积/(cm³/g)	孔径/nm
SBA-15	558	0.94	5.75
Fe-SBA	414	0.59	5.04
Pd-SBA	411	0.60	5.24
FePd-SBA	369	0.55	4.98
FePd-SiO₂	117	—	—

介孔材料在小角 XRD（0.5°~5°）图上具有若干特征峰，其（100）、（110）和（200）晶面均在 FePd-SBA 小角 XRD 上有所体现，且出峰位置和原始 SBA-15 几乎一样（图 7-3），表明 SBA-15 在负载双金属之后仍然保持着基本的介孔孔道。而且，FePd-SBA 在（100）处衍射峰的强度明显小于原始 SBA-15，表明活性组分在介孔孔道内高度分散。同时，催化剂 FePd-SBA 在（100）处衍射峰向高的衍射角方向轻微移动，表明负载之后孔径变小。

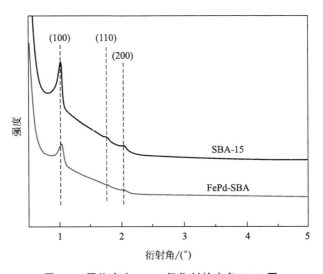

图 7-3　原位产生 H₂O₂ 催化剂的小角 XRD 图

　　根据双金属负载样品的切片 TEM 图（图 7-4），SBA-15 负载的金属样品仍然保持着均匀、完整的孔道结构，和原始 SBA-15 并无二致，表明负载过程并没有改变孔道的特性，但是单金属和双金属负载所形成的材料形貌却大相径庭。Fe 负载的样品 FeO_x/SBA-15 在孔道内形成的是致密的棒状纳米线，充满整个孔道，而 Pd-SBA 上可以看到催化剂孔道内形成大小一致、分散均匀的纳米粒子，平均粒径约（6±1）nm，比孔道的直径稍微大点，表明孔道由于钯的生长而被撑开。双金属负载样品 FePd-SBA 不但保持着均匀、完整的孔道结构，而且其上的纳米粒子更加细小、分散也更为均匀。通过对其上超过 200 个纳米粒子的粒径统计表明纳米粒子分布在 5nm 左右，具有和 FePd-SBA 孔径相当的粒径大小，表明活性组分不但处于孔道内部，而且分散性良好，表明双金属的协同作用改变了纳米粒子的物理形貌。相比之下，FePd-SiO₂ 形成的大颗粒纳米粒子严重团聚，而且分散极不均匀，粒径分布处于 10～60nm 之间，平均粒径为28nm，进一步证明了无孔道限域作用制备催化剂的局限性。

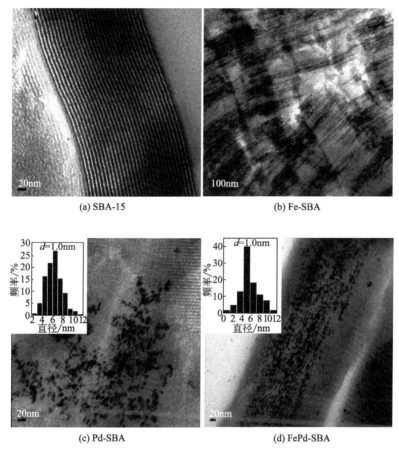

(a) SBA-15　　　　(b) Fe-SBA

(c) Pd-SBA　　　　(d) FePd-SBA

图 7-4　原位产生 H₂O₂ 催化剂切片 TEM 图

　　由催化剂的物理结构表征可知，催化剂具有分散性良好的纳米粒子。由实验可知，催化剂具有优异的原位产生 H₂O₂ 能力，并且在外加 H₂O₂和原位产生 H₂O₂ 的条件下都能够高效降解难降解有机物。由于载体SBA-15 本身并没有催化特性，甚至其吸附作用也非常微弱，显而易见，催化剂的活性来源于纳米粒子的化学组成，载体起到增强催化活性的作用，但并不是其活性的来源，因此掌握催化剂确切的化学组成显得尤为重要。XRD 显示所有样品在 22°～23°附近具有一个非常宽的衍射峰（图 7-5），这是载体 SBA-15 所具有的无定形硅的特征峰，除此之外，没有观察到SBA-15 本身具有其他的峰。负载金属后，单金属负载的样品具有高而尖的衍射峰，而双金属负载的则显得矮而宽，表明其上的纳米粒子呈现细小均匀的分布，这与之前 TEM 的结论是一致的。进一步对其上纳米粒子的物相进行分析，可知本研究制备的 FePd-SBA 具有 α-Fe_2O_3 和 Pd^0 的混合相。在 33.1°、35.6°、49.4°、54.0°、62.4°和 63.9°处的衍射峰对应着 α-Fe_2O_3（JCPDS 卡片号：89-0597）上的（104）、（110）、（024）、（116）、（214）和（300）特征峰；在 40.1°和 46.5°处的衍射峰对应着零价 Pd（JCPDS 卡片号：46-1043）上（111）和（200）特征峰。

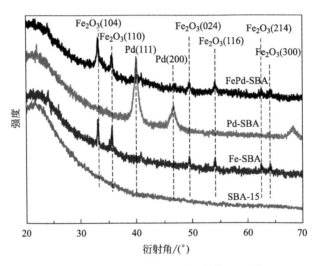

图 7-5　原位产生 H_2O_2 催化剂的 XRD 图

　　XPS 是常见的催化剂表征手段，能够在活性组分的化学态方面提供有用的信息。催化剂 FePd-SBA 上 Fe 元素的 Fe $2p_{3/2}$ 在结合能 711.8eV 处的吸收峰，以及 Fe $2p_{1/2}$ 结合能在 724.9eV 处的吸收峰（图 7-6），表明 Fe 元素主要以 Fe(Ⅲ) 形式存在，而且主要为 α-Fe_2O_3。另一方面，处于 335.3eV 和 340.5eV 处的吸收峰分别归属于 Pd $3d_{5/2}$ 和 Pd $3d_{3/2}$，表明催化剂中存在零价 Pd。但是在 336.8eV 时出现的一个较宽的峰，归属于 PdO 中的 Pd^{2+}，表明 Pd 元素主要以零价 Pd 和 PdO 形式存在。需要注意的是，FePd-SBA 中 Pd $3d_{5/2}$ 结合能要比块状的 Pd 单质（335.1eV）高出 0.2eV，这种结合能位移的现象与材料的性状有关，即金属（氧化物）颗粒越大，其结合能越小。本研究制备的 FePd-SBA 上具有均一的 5nm 大小的纳米粒子，因而具有较高的结合能。

　　由于 XRD 和 XPS 在材料化学态表征方面具有一定局限性，分别只适

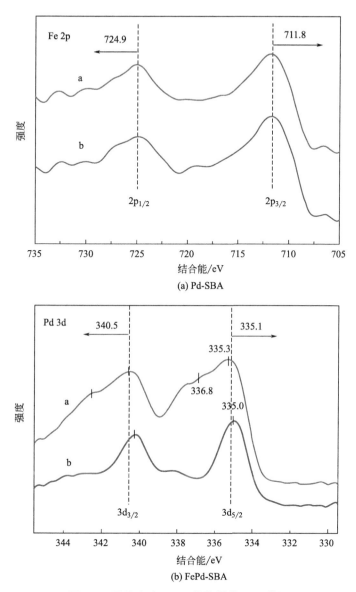

(a) Pd-SBA

(b) FePd-SBA

图 7-6　原位产生 H₂O₂ 催化剂的 XPS 谱图

a—Fe-SBA；b—FePb-SBA

用于结晶态部分和提供材料表面信息，对非晶相和体相更深层原子的化学态则无能为力。XANES 技术补充了 XRD 和 XPS 的缺点，根据元素原子吸收谱轮廓和吸收边性状、吸收边和边前峰的位置等能够准确获得元素的化学态、配位原子、配位数等局域结构信息。当中心原子和配位原子种类相同时，例如配位原子均为 O 原子时，吸收边的位置和氧化数有关，吸收边的位移与氧化数呈线性关系。FePd-SBA 上 Fe 元素的 K 吸收边与 Fe_2O_3 比较相像，边前峰的位置和强度也与 Fe_2O_3 的谱图相符（图 7-7），

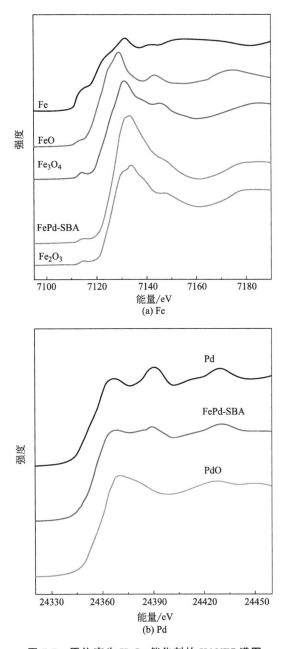

图 7-7　原位产生 H_2O_2 催化剂的 XANES 谱图

表明催化剂上 Fe 主要以 Fe_2O_3 形式存在。但是 FePd-SBA 上 Fe 元素在 7133eV 处的主吸收峰要比 Fe_2O_3 高，表明 FePd-SBA 具有更多的空轨道，这可能是由于 Pd 具有更强的电负性，因此在 Fe 和 Pd 之间发生了电子转移。同样的，FePd-SBA 上 Pd 元素的 K 吸收边处于零价 Pd 和 PdO 之间，表明 Pd 元素主要以 Pd 和 PdO 形式存在，这与 XPS 的结果是一致的。但是上面得到的是定性的结果，通过对 FePd-SBA 的 XANES 谱图进行线性拟合，所得结果见表 7-2。

从表 7-2 中可以看出，FePd-SBA 中零价 Pd 占大部分，但是和 Pd-SBA 所具有 92.6% 的 Pd（0）相比，Pd（0）含量下降。这可能是由于 Pd 和 Fe_2O_3 之间相互作用引起，也就是说，当 Fe_2O_3 存在时，PdO 没有完全还原为 Pd 单质。同时，虽然有大量 Pd（0）的存在，却没有检测到 Fe（0），这是由二者不同的热力学参数决定的。Fe_2O_3 中 Fe-O 的键能为 409kJ/mol，而 PdO 中 Pd-O 的键能为 234kJ/mol，比前者低很多，因此 Fe_2O_3 中 Fe-O 在同一还原温度下更难断裂形成 Fe（0）。综上所述，本研究制备的 FePd-SBA 上活性组分化学组成为 $Pd/PdO/Fe_2O_3$。

表 7-2　原位产生 H_2O_2 催化剂 XANES 图谱的线性拟合

催化剂	Fe	Pd	
	Fe_2O_3	Pd	PdO
Fe-SBA	100%	—	—
Pd-SBA	—	92.6%	7.4%
FePd-SBA	100%	70.6%	29.4%

7.2.3　原位产生 H_2O_2 催化剂的性能

由前人研究可知，Pd 催化剂能够原位产生 H_2O_2 降解有机物，然而其作用有限。在本章中，成功制备了高分散的 FePd-SBA 催化剂，其中新增了 Fe 的负载，因此 Fe 元素的作用和 Fe 单独负载的催化剂是否具有原位产生 H_2O_2 功能需要进一步探究。在没有催化剂存在的条件下，HCOOH 无法和 O_2 作用降解染料（图 7-8），因为 HCOOH 无法自身分解形成 H_2，因而不能形成 H_2O_2，而 O_2 本身也不具有直接氧化有机污染物的能力。同时，Fe 单独负载的催化剂 Fe-SBA 对染料几乎没有任何去除能力，意味着 Fe-SBA 可能没有原位产生 H_2O_2 的能力。与之相比，Pd-

SBA 可以达到 29.5% 的去除率，这与 Pd 催化剂所特有的功能是一致的。惊喜的是，制备的 FePd-SBA 在原位产生 H_2O_2 条件下催化降解染料，1h 对酸性红 73 的去除率达到 98.6%，远远高于同条件下 Pd-SBA 的去除率。由于反应条件下催化剂对染料的去除可能包括吸附作用，催化降解去除和单纯吸附去除如果有明显的差别，表明催化剂确实具有催化功能。由于本研究采用 HCOOH 为供氢物质，其与 O_2 反应产生 H_2O_2，进而形成 ·OH 降解染料。因此，如果没有 HCOOH 加入则 H_2O_2 无法产生，反应体系中催化剂只能提供吸附作用。从图 7-8 中可以看出，在不加 HCOOH 的条件下，催化剂对染料仍有比较大的去除，即吸附作用达到 50% 左右。尽管如此，其与加入 HCOOH 的反应在染料去除上存在着比较大的差异，而且随着时间延长这种差异持续增大，从 10min 时的 25.2% 扩大到了 1h 时的 47.1%，因此表明 FePd-SBA 原位产生 H_2O_2 降解染料的现象确实存在。同时，FePd-SiO_2 在加入 HCOOH 和不加入的条件下对染料的去除率比较接近，说明 FePd-SiO_2 的催化作用较小，对染料的去除大部分来源于吸附作用。由于 SBA-15 和 SiO_2 对染料酸性红 73 几乎无吸附作用，因此催化剂的吸附作用主要来源于金属 Fe 和 Pd 的物种，而不是载体本身。由 FePd-SBA 和 FePd-SiO_2 活性差异可知，载体对催化剂活性的影响并不在于其提供的吸附作用本身，而是载体的形状影响了其上金属活性组分的物理结构。在本研究中，由于 SBA-15 提供的孔道限定作用，FePd-SBA 上的纳米粒子粒径和分布均优于无孔 SiO_2 作为载体制备的催化剂，因而具有较高的催化活性。综上所述，本研究制备的催化剂 FePd-SBA 具有优异

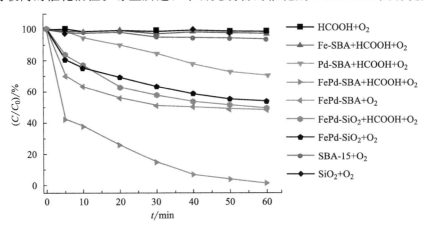

图 7-8 原位产生 H_2O_2 催化剂去除酸性红 73

的原位产生 H₂O₂ 降解染料的作用，而且具有较强的吸附作用，催化活性远远高于单金属负载的催化剂和无孔 SiO₂ 负载的催化剂。

尽管 FePd-SBA 通过原位产生 H₂O₂ 使染料酸性红 73 得到了去除，证明了产生 H₂O₂ 过程的存在，但这并不是直接观察到的结果，而是根据染料降解的推断。为了证实在染料降解的过程中确实产生了 H₂O₂，必须对反应过程中的 H₂O₂ 加以鉴定并对其浓度进行监测。对 H₂O₂ 的检测可采用硫酸钛法。由于在 H₂O₂ 测定波长下酸性红 73 仍具有一定吸收，因此当 H₂O₂ 与酸性红 73 共存时，酸性红 73 的存在会干扰 H₂O₂ 的测定。同时，由于实验的目的只是为了确定 H₂O₂ 的存在，而不是获得催化剂原位产生 H₂O₂ 的能力，其在线浓度和累积浓度并不是最关心的，因此可以用超纯水代替染料进行 H₂O₂ 测定。

HCOOH 和 O₂ 在没有 Pd 催化剂存在的条件下没有 H₂O₂ 产生 (图 7-9)，这与其在染料降解中的表现是一致的。相比之下，Pd-SBA 在反应中检测出了比较高的 H₂O₂ 浓度，而且随着时间的延长 H₂O₂ 的浓度一直在增高。相比而言，本研究制备的 FePd-SBA 在反应中检测出了比较高的 H₂O₂ 浓度，甚至高于 Pd-SBA 在同条件下产生的水平，而 Fe-SBA 则没有检测到 H₂O₂。这表明 FePd-SBA 确实具有原位产生 H₂O₂ 的能力，其催化活性要高于单金属 Pd 负载的催化剂 Pd-SBA。同时说明 Fe-SBA 不能原位产生 H₂O₂，因而在染料存在的条件下几乎无任何催化去除作用。同时，FePd-SiO₂ 作为催化剂时也检测出 H₂O₂ 的存在，只是浓度较低，

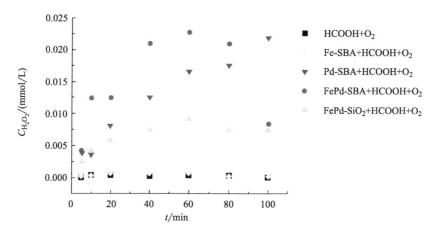

图 7-9　原位产生 H₂O₂ 催化剂产生的 H₂O₂ 浓度

这与其在染料存在时对染料较低的催化降解去除率是一致的。特别要注意到的是，随着反应的进行，Pd-SBA 在体系中产生的 H_2O_2 浓度随之增大，而 FePd-SBA 和 FePd-SiO$_2$ 的却先升高后降低，这应该归因于两者中 Fe 物种对 H_2O_2 的分解作用。也就是说，在双金属 Fe 和 Pd 负载的催化剂中，Pd 能够原位产生双氧水，而同时 Fe 和 Pd 都能够分解 H_2O_2。因此，溶液中的 H_2O_2 浓度是催化剂产生-分解过程的一个总结果，是一个瞬时平衡浓度，并不完全代表催化剂原位产生 H_2O_2 的能力。同时注意到，尽管 HCOOH 的加入浓度为 500mmol/L，而检测到产生的 H_2O_2 浓度小好几个数量级，这表明反应是持续、缓慢的产生 H_2O_2，H_2O_2 在产生之后迅速被利用降解染料，因而在较低的浓度也具有较高的催化效果。

7.2.4 原位产生 H_2O_2 催化剂的稳定性

在催化反应中，催化剂的活性来源于其上特定形式存在的活性组分，在本研究中即分散均匀、粒径细小的 Pd-PdO-Fe$_2$O$_3$ 纳米粒子。因此，催化剂的活性能否保持取决于催化剂的稳定性，包括物理结构是否改变以及化学组分是否发生变化。在催化剂多次使用之后，对每次的金属溶出通过 ICP-MS 进行了测定，对多次使用后的催化剂进行了表征。结果发现 FePd-SBA 在反应 1h 后溶液中 Pd 和 Fe 的平均浓度分别为 0.57mg/L 和 0.68mg/L，虽然这比美国和欧盟的标准要低（<2mg/L），但是比文献值略高。通过比较 FePd-SBA 在反应前后的 XRD 图，发现两者非常相像，没有多大差别，仍然保持着宽而矮的衍射峰，表明催化剂保持了高分散、小粒径的特性。但是比较催化剂反应前后 XPS 图，发现 Pd 和 Fe$_2$O$_3$ 在反应后没有发生多大变化，但是 FePd-SBA 上较宽的 PdO 在反应后消失，表明 PdO 在反应中起着重要的作用。

7.2.5 原位产生 H_2O_2 催化剂的作用机理

关于 Pd 催化剂原位产生 H_2O_2 的机理前人已经有很多研究，这里不再赘述。现在可以确定，FePd 双金属催化剂不但能够原位产生 H_2O_2，而且能够分解 H_2O_2 降解有机物。表征和测试实验表明，Fe 和 Pd 双金属负载的催化剂具有优异的催化性能，这与 3 个方面有关：a. 与粒径细小、分布均匀的纳米粒子有关；b. 与催化剂较强的吸附特性有关；c. 与纳米粒子中所具有的混合相 Pd-PdO-Fe$_2$O$_3$ 有关。正是这 3 个方面作用的协同配合，催化剂取得较高的催化性能。

首先，粒径细小、分散均匀的纳米粒子是通过 SBA-15 特定的孔道限域作用来实现的。事实上粒子在孔道中的大小和形状不但与介孔材料的孔径有关，还与负载金属元素的类型有关。在之前的研究中，已经发现铁单独负载的催化剂形成长长的纳米线，充满甚至堵塞了整个孔道，而铁和另一种金属形成的复合催化剂却能够形成更为均一的小粒径纳米粒子。在本研究中，Pd 容易形成分散性良好的纳米粒子，而且具有比较小的粒径，但是当 Fe 和 Pd 结合后形成的纳米粒子比 Pd 单独负载的催化剂更小，因而具有更高的活性。

另一方面，由催化性能测试实验可知催化剂在反应过程中具有强大的吸附作用，在 1h 内对染料酸性红 73 的吸附占到总去除量的 1/2 以上。催化剂的吸附作用与其表面电荷有关，且表面电荷可由 zeta 电位来确定。由于本研究所用载体 SBA-15 和无孔 SiO_2 都为硅氧化物，其零电位（PZC）较低，也就是说在 pH 值为 3 时它们均带少量正电荷甚至负电荷，而酸性红 73 是一种阴离子染料，其在 pH 值为 3 的水溶液中带负电荷（-8.66mV），根据静电吸引原则，两者吸引力较低甚至互相排斥，因此 SBA-15 和无孔 SiO_2 都对酸性红 73 没有明显的吸附作用。但是当负载双金属 Fe 和 Pd 之后，催化剂的吸附作用大大增强，很显然金属的负载使 PZC 发生了移动。与未负载的 SBA-15 相比，FePd-SBA 的 PZC 向高 pH 值方向移动（图 7-10），因此在 pH 值为 3 的水溶液中带比较高的正电荷，从而对酸性红 73 具有强的吸附作用。

已经确定载体 SBA-15 本身对吸附和催化作用没有任何贡献，因此现在可以确定催化剂 FePd-SBA 的吸附特性来自其金属活性组分 Pd/PdO/Fe_2O_3，但是具体来源于 Fe 物种还是 Pd 物种需要进一步确定。通过比较 FePd-SBA、Fe-SBA 和 Pd-SBA 的化学组成，发现 FePd-SBA 和 Fe-SBA 中的 Fe 元素均以 Fe_2O_3 存在，但是 Fe-SBA 对酸性红 73 几乎无吸附作用，而 zeta 电位也证实其在 pH 值为 3 的水溶液中电位为 -2.21V，因此 FePd-SBA 的吸附作用来源于 Pd 元素。事实上，Pd-SBA 在 pH 值为 3 时的 zeta 电位为 12.1V，具有较高的正电荷，和刚才的判断一致。但是 FePd-SBA 和 Pd-SBA 相比，FePd-SBA 中 PdO 占到 Pd 元素含量的 30%，而 Pd-SBA 中 PdO 还不到 8%，考虑到同样 Pd 负载量的 FePd-SBA 比 Pd-SBA 强得多的吸附性能，FePd-SBA 的吸附作用来源于 PdO。为了证明这

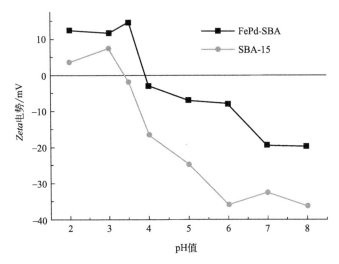

图 7-10　原位产生 H_2O_2 催化剂的 zeta 电势图

一结论，制备了对照催化剂，也就是 FePd-SBA 和 Pd-SBA 在制备的最后一步去掉了 H_2 还原过程，因为还原会使催化剂中的 Pd 元素全部转化为 Pd（0），而空气气氛中的焙烧过程会使 Pd 尽量转化为 PdO。所得催化剂命名为 FePd-SBA-未还原和 Pd-SBA-未还原，它们的吸附效果如图 7-11 所示。从图 7-11 中可以看出，两者都具有非常强的吸附作用，证实了 FePd-SBA 对染料酸性红的吸附作用来源于 PdO。

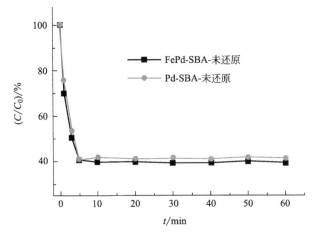

图 7-11　未还原条件下制备样品对酸性红 73 的吸附

最重要的是，催化剂取得高活性，活性组分 Pd、PdO 和 Fe_2O_3 之间的协同作用扮演了重要角色。在 FePd-SBA 原位产生 H_2O_2 及其用于催化类芬顿降解酸性红的过程中，Fe 和 Pd 之间具有明显的协同作用，因为即使 Fe-SBA 并不具有产生 H_2O_2 的功能，FePd-SBA 仍取得了比 Pd-SBA 高的催化效果。这是因为在类芬顿降解过程中，Pd 可以协助 Fe 使自身产生 H_2O_2 的分解为·OH 降解染料。由于类芬顿催化剂在反应中和 H_2O_2 形成一个氧化还原循环，参考 Fe 物种发生类芬顿反应的方程式，Pd 物种发生类芬顿反应的方程式如下：

$$Pd + H_2O_2 \longrightarrow Pd(II) + \cdot OH + OH^- \tag{7-1}$$

$$Pd(II) + H_2O_2 \longrightarrow Pd + \cdot HO_2 + H^+ \tag{7-2}$$

考虑到 $E^0_{Pd(II)/Pd}$ 为 $+0.987V$（参考均相反应），$E^0_{H_2O_2/H_2O}$ 为 $+1.776V$，因此反应是可以发生的。而 $E^0_{Fe(III)/Fe(II)}$ 为 $+0.771V$，与 $E^0_{Pd(II)/Pd}$ 接近，表明这种类比是可行的。相类似，反应式（7-2）进行的比较缓慢，因此 PdO 参与的染料类芬顿降解与吸附去除接近。

综上所述，催化剂中存在的少量 PdO 促进了催化剂对染料的吸附，而大量的零价 Pd 在原位产生 H_2O_2 之后，还能催化 H_2O_2 分解发生类芬顿降解反应。除此之外，传统的类芬顿反应一个限速步骤是 Fe（Ⅲ）转化为 Fe（Ⅱ）的反应。在本研究中，催化剂中的零价 Pd 电负性高达2.20，Fe_2O_3 中的 Fe（Ⅲ）只有 1.96，因此零价 Pd 会吸引 Fe（Ⅲ）上的电子密度，使得 Fe（Ⅲ）还原为 Fe（Ⅱ）的反应更容易进行，因此催化反应进行的更迅速。

参考文献

[1] Yalfani M S, Contreras S, Llorca J, et al. Simultaneous in situ generation of hydrogen peroxide and Fenton reaction over Pd-Fe catalysts [J]. Physical Chemistry Chemical Physics：PCCP, 2010, 12 (44): 14673-14676.

[2] Navalon S, Martin R, Alvaro M, et al. Gold on diamond nanoparticles as a highly efficient Fenton catalyst [J]. Angewandte Chemie-International Edition, 2010, 49 (45): 8403-8407.

[3] Luo M, Yuan S, Tong M, et al. An integrated catalyst of Pd supported on magnetic Fe_3O_4 nanoparticles: simultaneous production of H_2O_2 and Fe^{2+} for efficient electro-Fenton degradation of organic contaminants [J]. Water Research, 2014, 48: 190-199.

[4] Li X, Liu X, Xu L, et al. Highly dispersed $Pd/PdO/Fe_2O_3$ nanoparticles in SBA-15 for Fenton-like processes: confinement and synergistic effects [J]. Applied Catalysis B: Environmental, 2015, 165: 79-86.

[5] Lee H，Kim S，Lee D W，et al. Direct synthesis of hydrogen peroxide from hydrogen and oxygen over a Pd core-silica shell catalyst [J]. Catalysis Communications，2011，12 (11)：968-971.

[6] Yalfani M S，Contreras S，Medina F，et al. Direct generation of hydrogen peroxide from formic acid and O_2 using heterogeneous Pd/γ-Al_2O_3 catalysts [J]. Chemical Communications，2008，33：3885-3887.

[7] Ntainjua E N，Piccinini M，Freakley S J，et al. Direct synthesis of hydrogen peroxide using Au-Pd-exchanged and supported heteropolyacid catalysts at ambient temperature using water as solvent [J]. Green Chemistry，2012，14 (1)：170.

[8] Contreras S，Yalfani M S，Medina F，et al. Effect of support and second metal in catalytic in-situ generation of hydrogen peroxide by Pd-supported catalysts：application in the removal of organic pollutants by means of the Fenton process [J]. Water Science & Technology，2011，63 (9)：2017.

[9] Xu J，Ouyang L，Da G-J，et al. Pt promotional effects on Pd-Pt alloy catalysts for hydrogen peroxide synthesis directly from hydrogen and oxygen [J]. Journal of Catalysis，2012，285 (1)：74-82.

[10] Ouyang L，Da G-J，Tian P-F，et al. Insight into active sites of Pd-Au/TiO_2 catalysts in hydrogen peroxide synthesis directly from H_2 and O_2 [J]. Journal of Catalysis，2014，311：129-136.

[11] Park S，Lee J，Song J H，et al. Direct synthesis of hydrogen peroxide from hydrogen and oxygen over Pd/HZSM-5 catalysts：Effect of Brönsted acidity [J]. Journal of Molecular Catalysis A：Chemical，2012，363：230-236.

[12] Choudhary V R，Samanta C，Jana P. A novel route for in-situ H_2O_2 generation from selective reduction of O_2 by hydrazine using heterogeneous Pd catalyst in an aqueous medium [J]. Chemical Communications，2005，43：5399-5401.

[13] Yalfani M S，Contreras S，Medina F，et al. Hydrogen substitutes for the in situ generation of H_2O_2：An application in the Fenton reaction [J]. Journal of Hazardous Materials，2011，192 (1)：340-346.

[14] Choudhary V R，Jana P. Factors influencing the in situ generation of hydrogen peroxide from the reduction of oxygen by hydroxylamine from hydroxylammonium sulfate over Pd/alumina [J]. Applied Catalysis A：General，2008，335 (1)：95-102.

[15] Choudhary V R，Jana P. In situ generation of hydrogen peroxide from reaction of O_2 with hydroxylamine from hydroxylammonium salt in neutral aqueous or non-aqueous medium using reusable Pd/Al_2O_3 catalyst [J]. Catalysis Communications，2007，8 (11)：1578-1582.

[16] Choudhary V R，Jana P，Bhargava S K. Reduction of oxygen by hydroxylammonium salt or hydroxylamine over supported Au nanoparticles for in situ generation of hydrogen peroxide in aqueous or non-aqueous medium [J]. Catalysis Communications，2007，8 (5)：811-816.

[17] Wang P F, Jin H X, Chen M, et al. Microstructure and magnetic properties of highly ordered SBA-15 nanocomposites modified with Fe_2O_3 and Co_3O_4 nanoparticles [J]. Journal of Nano-Materials, 2012, 2012: 1-7.

[18] Vilarrasa-Garc A E, Azevedo D C, Braos-Garc A P, et al. Synthesis and characterization of metal-supported mesoporous silicas applied to the adsorption of benzothiophene [J]. Adsorption Science & Technology, 2011, 29 (7): 691-704.

[19] Cai J, Ma H, Zhang J, et al. Gold nanoclusters confined in a supercage of Y zeolite for aerobic oxidation of HMF under mild conditions [J]. Chemistry-A European Journal, 2013, 19 (42): 14215-14223.

[20] Lu A H, Nitz J J, Comotti M, et al. Spatially and size selective synthesis of Fe-based nanoparticles on ordered mesoporous supports as highly active and stable catalysts for ammonia decomposition [J]. Journal of the American Chemical Society, 2010, 132 (40): 14152-14162.

[21] Wang Z J, Xie Y B, Liu C J. Synthesis and characterization of noble metal (Pd, Pt, Au, Ag) nanostructured materials confined in the channels of mesoporous SBA-15 [J]. The Journal of Physical Chemistry C, 2008, 112 (50): 19818-19824.

[22] Ungureanu A, Dragoi B, Chirieac A, et al. Composition-dependent morphostructural properties of Ni-Cu oxide nanoparticles confined within the channels of ordered mesoporous SBA-15 silica [J]. ACS Applied Materials & Interfaces, 2013, 5 (8): 3010-3025.

[23] Xia M, Long M, Yang Y, et al. A highly active bimetallic oxides catalyst supported on Al-containing MCM-41 for Fenton oxidation of phenol solution [J]. Applied Catalysis B: Environmental, 2011, 110: 118-125.

[24] Cornu C, Bonardet J L, Casale S, et al. Identification and location of iron species in Fe/SBA-15 catalysts: interest for catalytic Fenton reactions [J]. The Journal of Physical Chemistry C, 2012, 116 (5): 3437-3448.

[25] Shi J, Ai Z, Zhang L. $Fe@Fe_2O_3$ core-shell nanowires enhanced Fenton oxidation by accelerating the Fe (Ⅲ) /Fe (Ⅱ) cycles [J]. Water Research, 2014, 59: 145-153.

[26] Hsieh S, Lin P-Y. FePt nanoparticles as heterogeneous Fenton-like catalysts for hydrogen peroxide decomposition and the decolorization of methylene blue [J]. Journal of Nanoparticle Research, 2012, 14 (6): 1-10.

[27] Cui Z M, Chen Z, Cao C Y, et al. A yolk-shell structured Fe_2O_3@mesoporous SiO_2 nanoreactor for enhanced activity as a Fenton catalyst in total oxidation of dyes [J]. Chem Commun, 2013, 49 (23): 2332-2334.

[28] Shen C, Shen Y, Wen Y, et al. Fast and highly efficient removal of dyes under alkaline conditions using magnetic chitosan-Fe (Ⅲ) hydrogel [J]. Water Research, 2011, 45 (16): 5200-5210.

[29] Liu Y, Zhang J, Hou W, et al. A Pd/SBA-15 composite: synthesis, characterization and

protein biosensing [J]. Nanotechnology, 2008, 19 (13): 135707.

[30] Rossy C, Majimel J, Fouquet E, et al. Stabilisation of carbon-supported palladium nanoparticles through the formation of an alloy with gold: application to the Sonogashira reaction [J]. Chemistry-A European Journal, 2013, 19 (42): 14024-14029.

[31] Lim H, Lee J, Jin S, et al. Highly active heterogeneous Fenton catalyst using iron oxide nanoparticles immobilized in alumina coated mesoporous silica [J]. Chemical Communications, 2006, 4: 463-465.

[32] Tušar N N, Maučec D, Rangus M, et al. Manganese Functionalized Silicate Nanoparticles as a Fenton-Type Catalyst for Water Purification by Advanced Oxidation Processes (AOP) [J]. Advanced Functional Materials, 2012, 22 (4): 820-826.

[33] Yang X J, Xu X M, Xu J, et al. Iron oxychloride (FeOCl): an efficient fenton-like catalyst for producing hydroxyl radicals in degradation of organic contaminants [J]. Journal of the American Chemical Society, 2013, 135 (43): 16058-16061.

第 **8** 章

负载型金属催化剂在反应 pH 拓展上的应用

8.1 反应 pH 拓展的必要性

在传统的芬顿催化中，催化剂为均相催化剂，适用局限在酸性范围，尤其是在 pH=3 左右。尽管以氧化物本身为活性组分的催化剂采用了固体形式，活性位点也从均相的离子态转为固态表面，然而这种催化剂只能在酸性条件下表现出高催化活性的本质没有变。事实上，大量实际废水 pH 值处于中性或者碱性范围，处理前后均需使用大量酸碱调节 pH 值以满足芬顿反应及后续处理的需求，使得整个处理过程操作烦琐，耗酸耗碱量大。因此，探索开发在中性条件下能够高效催化反应的催化剂成为研究者的共同目标。

8.2 反应 pH 拓展催化剂的设计实例

8.2.1 反应 pH 拓展催化剂的设计

要使得催化剂能够在中性条件下高效催化芬顿反应，必须营造一个局域的酸性环境，即酸性微环境。根据文献报道和研究经验表明，依靠铁单一组分很难取得在 pH 中性条件下具有高活性的催化剂。研究报道在 Fe_2O_3 存在条件下，活性 Al_2O_3 中 Al 作为第二金属以路易斯酸的形式吸引 Fe_2O_3 上的电子密度，从而使 Fe(Ⅲ) 能够迅速还原到 Fe(Ⅱ)，加速铁循环，从而加速芬顿催化反应，使得反应能够在 pH=4.0 的条件下降解苯酚。除此之外，多个研究表明，Cu 不但属于类芬顿金属，而且具有强的路易斯酸特性，在中性条件下产生氧化性物种的能力最强。由此可见，

用 Al_2O_3 对 SBA-15 表面进行修饰，然后负载 Fe 和 Cu，可以拓展催化剂 pH 适用范围。

8.2.2 反应 pH 拓展催化剂的制备

传统的 Al 修饰采用碱性沉淀法，获得的纳米颗粒较大，而在甲酸/甲酸铵缓冲溶液中采用 $Al(OH)_3$ 均匀沉淀法则能够形成均匀的薄层，而不是凸起的纳米粒子，从而有助于催化剂获得更高的催化活性。因此本研究拟以 Al 修饰的 SBA-15 为载体，以 Fe 为催化剂活性组分的中心金属，同时负载 Cu，制备得到在中性条件下高效催化的类芬顿催化剂。用 Al 对 SBA-15 修饰采用文献报道的方法。将一定量的硫酸铝加入 500mL 圆底烧瓶中，然后加入 250mL pH＝4.40 甲酸/甲酸铵的缓冲溶液，振荡使硫酸铝完全溶解。然后加入 0.5g 介孔 SBA-15 样品，超声振荡 15min。将烧瓶置于水浴中，70℃加热并剧烈搅拌 2h。待溶液冷却后，真空抽滤，并用超纯水和无水乙醇反复洗涤。将所得固体在烘箱中 80℃干燥过夜除去乙醇，置于马弗炉中 450℃焙烧 2h。焙烧后的样品与硝酸铁和硝酸铜的混合水溶液进行等体积浸渍，室温下晾干，在烘箱中 105℃干燥除去残留水分，马弗炉中 450℃焙烧 2h 即得所需催化剂。根据反应条件，催化剂表示为 $Al(x)$-$(Fe+Cu)$-a∶b-SBA，式中 x 表示用 Al 修饰 SBA-15 时加入的 $Al_2(SO_4)_3 \cdot 18H_2O$ 的质量；a∶b 表示硝酸铁和硝酸铜的混合水溶液中 Fe 和 Cu 摩尔比。为了便于比较和评估催化剂的性能，制备了不同 Al 含量、不同 Fe 和 Cu 比例的催化剂。

8.2.3 反应 pH 拓展催化剂的表征

在本研究中，Al 修饰 SBA-15 采用甲酸/甲酸铵缓冲溶液中 $Al(OH)_3$ 均匀沉淀法，此法制得的 Al_2O_3 在 SBA-15 表面将形成均匀的薄层，而不是凸起的纳米粒子，从而有助于催化剂获得更高的催化活性。N_2 吸附-脱附实验的结果来证实了金属活性组分的成功负载（图 8-1），随着 Al 对 SBA-15 的修饰，比表面积由负载前的 $558m^2/g$ 降到了负载后的 $336m^2/g$，单位孔体积也由 $0.94cm^3/g$ 降到了 $0.43cm^3/g$，孔径也由 5.75nm 收缩到了 3.84nm（表 8-1），证实了介孔孔道由于金属负载而孔道体积被占据使得比表面积、孔体积和孔径缩小。当继续负载 Fe 和 Cu 活性组分，比表面积和孔体积继续大幅度减小。SBA-15 孔结构参数的显著改变说明活性组

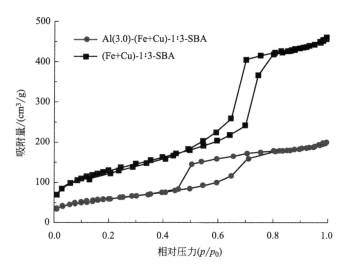

图 8-1　反应 pH 拓展催化剂的 N₂ 吸附-脱附曲线图

表 8-1　SBA-15 负载样品的结构参数

样品	比表面积/(m²/g)	孔体积/(cm³/g)	孔径/nm
SBA-15	558	0.94	5.75
Al(3.0)-SBA	336	0.43	3.84
Al(3.0)-(Fe＋Cu)-1∶3-SBA	215	0.32	4.43

分成功负载在 SBA-15 上。

　　继续采用切片 TEM 对催化剂的表面进行观察，从图 8-2 中可以看出，SBA-15 本身含有明显的介孔孔道，当用 Al 修饰之后，并没有发现明显的 Al_2O_3 纳米粒子，表明 Al_2O_3 均匀的分散在 SBA-15 表面。当在 Al 修饰的 SBA-15 上继续负载 Fe 和 Cu，也没有发现 Al_2O_3 以及 Fe 和 Cu 活性组分形成纳米粒子的踪迹，但是在未经 Al 修饰的 SBA-15 上负载 Fe 和 Cu 则能够明显看到纳米粒子的存在，巨大的差异表明 Al 的修饰能够使金属活性组分在 SBA-15 表面高度分散、均匀分布。

　　因为 TEM 中并没有直接观察到金属活性组分形成的纳米粒子，为了证实 Al、Fe、Cu 三种金属元素成功的负载到了 SBA-15 上，因此继续通过 SEM-EDX 对 Al 修饰的 SBA-15 样品进行了观察和分析。在催化剂上随机选定的同一片区域同时检测到了 Al、Si 和 O 三种元素，而且三种元素均匀分布（图 8-3）。由于 Si 和 O 为 SBA-15 的基本元素，因此 Al 的检

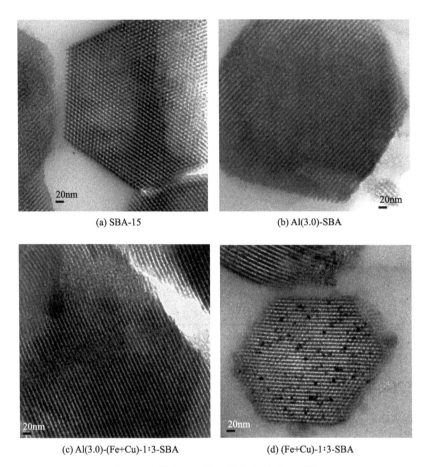

(a) SBA-15   (b) Al(3.0)-SBA

(c) Al(3.0)-(Fe+Cu)-1:3-SBA   (d) (Fe+Cu)-1:3-SBA

图 8-2 反应 pH 拓展催化剂的 TEM 图

出表明其被成功负载到了 SBA-15 上, 而且分布的非常均匀。在此基础上, 继续通过 SEM-EDX 对催化剂进行了观察和分析。在同一片区域内, 除了载体 SBA-15 的基本元素 Si 和 O 之外, 还检测到了 Al、Fe 和 Cu 三种金属, 且这三种元素在 SBA-15 表面均匀分布 (图 8-4)。以上结果充分说明了 Al、Fe 和 Cu 三种元素已经被成功负载到了 SBA-15 上, 而且呈均匀分布, 没有较大的纳米颗粒生成。

在此基础上, 对反应 pH 拓展催化剂进行了 XRD 表征, 结果发现催化剂的谱图和原始 SBA-15 的谱图非常相似, 在图上 22° 附近有一个很宽的衍射峰 (图 8-5), 这是载体上无定形硅典型的特征峰。除此之外, 没有其他明显的金属活性组分的衍射峰, 这表明金属活性组分以无定形态和非常小的纳米晶形式存在, 这和 TEM 的结果是一致的, 而这种高分散的状

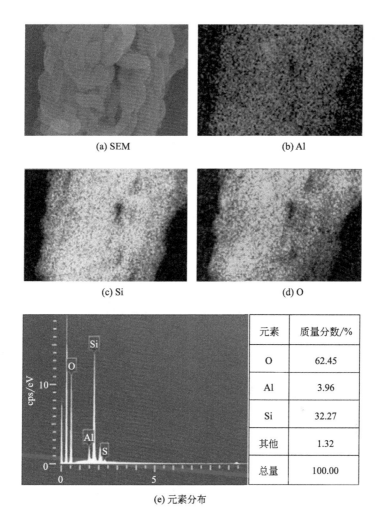

(a) SEM

(b) Al

(c) Si

(d) O

元素	质量分数/%
O	62.45
Al	3.96
Si	32.27
其他	1.32
总量	100.00

(e) 元素分布

图 8-3 Al 修饰载体的 SEM 及元素分布图

态正是来自 Al 的贡献。为了证实活性成分的存在，进行了高温焙烧实验，因为金属活性成分在较高温度下会熔化并重新结合，同时晶相发生改变。当样品在高达 900℃ 的空气中热处理时出现了许多新的峰，经过分析归属于 $FeAl_2O_4$（JCPDS 86-2320）、Al_2CuO_4（JCPDS 76-2295）和 $Al_2(SiO_4)O$（JCPDS 79-1339），这些结果证实了铝改性后活性组分高度分散在载体上。

由于活性组分高度分散，XRD 无法得到金属组分的化学组成，因此需要通过 XPS 对催化剂表面的元素组成和化学态进行研究。除了载体 SBA-15 本身所具有 Si、O 的吸收峰和污染 C 的吸收峰，负载的金属 Al、

127

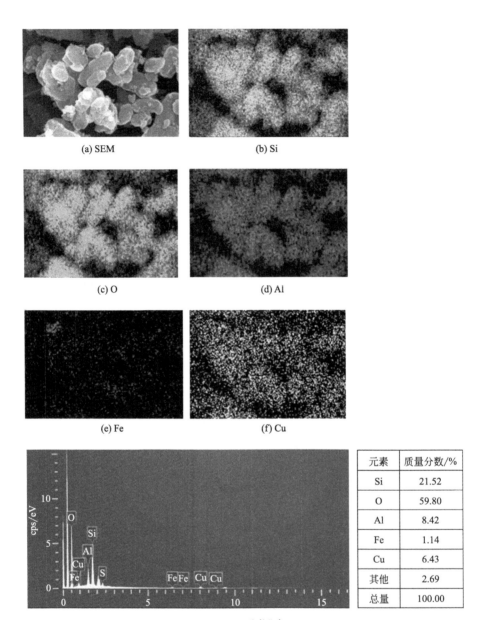

图 8-4 反应 pH 拓展催化剂的 SEM 及元素分布图

Fe 和 Cu 都被检测到（图 8-6），证实了三种金属活性组分的成功负载，并且以高度分散的形式存在。从 Al 的 2p 分谱可以看出，在 74.4eV 处的吸收峰对应着 Al_2O_3 中的 Al^{3+}，证实了 Al 修饰的 SBA-15 表面形成了

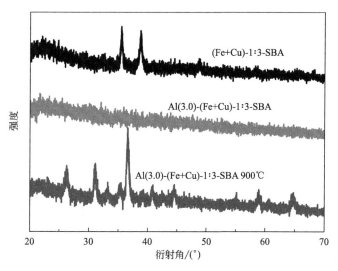

图 8-5 催化剂高温焙烧后 XRD 图

Al_2O_3。而在 Fe 的 2p 分谱中,结合能在 711.5eV 处的 Fe $2p_{3/2}$ 吸收峰、结合能在 724.3eV 处的 Fe $2p_{1/2}$ 吸收峰,以及相应的位于 719eV 处的卫星峰共同表明 Fe 元素主要以 Fe(Ⅲ) 形式存在,而且主要存在于 α-Fe_2O_3 相中。相类似,在 Cu 的 2p 分谱中,结合能位于 933.3eV 处 Cu $2p_{3/2}$ 吸收峰和 953.1eV 处 Cu $2p_{1/2}$ 吸收峰以及两者之间明显的卫星峰一起表明了 Cu 元素以 CuO 形式存在。至此,可以得出,本研究制备的催化剂上的活性组分以 Fe_2O_3-CuO/Al_2O_3 混合氧化物的形式存在。

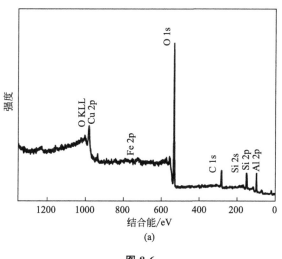

(a)

图 8-6

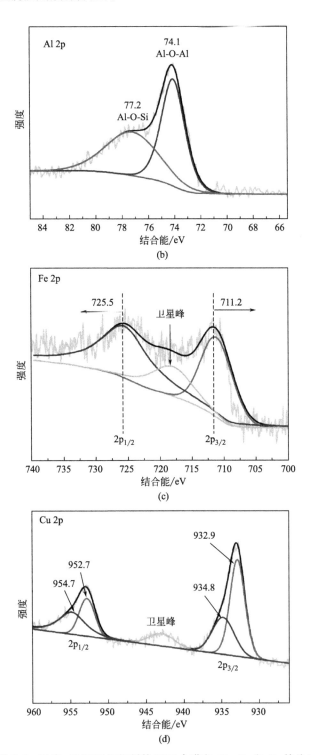

图 8-6　反应 pH 拓展催化剂的 XPS 全谱和 Al、Fe 和 Cu 的分谱

8.2.4 反应 pH 拓展催化剂的活性

由于常见的类芬顿催化剂对于大部分有机物都有着良好的催化降解效果，而对罗丹明 B、亚甲基蓝等难降解型染料效果较差，因此为了评估本研究制备的催化剂活性，选择阳离子染料罗丹明 B 作为模型污染物。在加 H_2O_2 条件下，催化剂对罗丹明 B 有着极高的催化去除效果，在 4h 内达到 97％以上，而相同条件下的吸附小于 10％（图 8-7），表明罗丹明 B 的去除完全是由类芬顿降解引起。由单组分和双组分对照实验可知，在只有 Al 修饰而无活性组分负载时，催化剂几乎没有任何催化和吸附活性，表明 Al 的修饰并不是催化剂活性的来源，即 Al 没有任何类芬顿催化活性。相比之下，Fe 和 Cu 单独负载的催化剂表现出一定的催化活性，并且 Cu 负载催化剂要高于 Fe 负载催化剂，但是二者均处于较低的水平，在 4h 内对染料去除率没有超过 50％。然而，在经过 Al 修饰之后再分别负载 Fe 和 Cu，催化剂活性均提高了 10％以上，并且 Cu 负载催化剂仍然高于 Fe 负载催化剂，这表明 Al 的修饰虽然并不能提供催化活性，却能增强催化剂的活性，而且揭示了 Cu 活性物种在中性条件下具有更高的催化活性。同时，制备了没有 Al 修饰但是具有和 AlFeCu 相同 Fe 和 Cu 含量及比例的催化剂，发现其对罗丹明 B 的类芬顿去除只有 62.4％，远远小于 Al 修饰的催化剂，进一步支持了之前的实验结果。这些结果表明，催化剂中

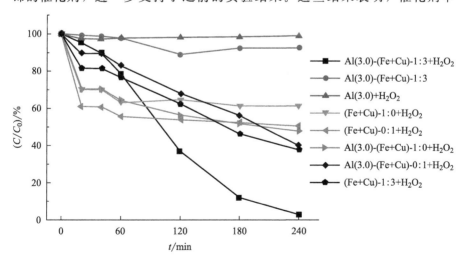

图 8-7 反应 pH 拓展催化剂对罗丹明 B 的降解

Al、Fe 和 Cu 元素及各个元素形成的化学物种之间具有较强的协同作用，及 Fe 和 Cu 提供催化活性，Al 进一步提高催化活性，从而使得催化剂在中性条件下具有极高的催化活性。

由于 Al 的修饰大大提高了催化剂的活性，而文献报道 Al 修饰形成的 Al_2O_3 起着路易斯酸的作用，能够为催化剂在中性反应提供酸性微环境，因此 Al 的修饰含量需要详细考察。随着 Al 的修饰量的增加，催化剂的活性出现明显的提升，并在修饰量 3.0 时达到最佳（图 8-8）。进一步提高修饰量，催化剂的活性不再增加，反而出现稍微下降，这表明 Al 虽然能够提高催化剂活性，但是其修饰量和催化活性的提高并不是简单的线性递增关系。当 Al 的修饰量过高，其对活性组分的分散已达到极限，而孔道内大量填充的 Al_2O_3 阻碍了类芬顿活性组分 Fe 和 Cu 的后续负载。从而对催化剂活性起到抑制作用。

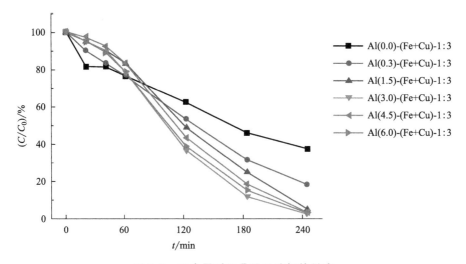

图 8-8　Al 含量对罗丹明 B 降解的影响

从罗丹明 B 降解实验可知，催化剂中 Fe 和 Cu 具有明显的协同作用，因为当各自的金属负载量与 Al(3.0)-(Fe＋Cu)-1：3-SBA 中 Fe 和 Cu 的负载总量一致时，两者对罗丹明 B 的类芬顿去除远远小于 Fe 和 Cu 共同负载的催化剂 Al(3.0)-(Fe＋Cu)-1：3-SBA。尽管如此，由于 Cu 本身为芬顿活性金属，能够催化 H_2O_2 分解产生·OH 降解污染物，而 Fe 本身也具有芬顿催化活性，两者对降解反应的影响不尽相同，其在协同作用中扮演的角色也并不一致，因此保持金属总的负载量不变，考察 Fe 和 Cu 的比例对染料降解的影响具有重要的意义。当金属总的负载质量为原始 SBA-15 的 10％时，改变金属的比例，Fe 和 Cu 各自的负载量随之变化，对罗丹明 B 的去除效果也不尽相同（图 8-9）。当 Fe 的含量降低、Cu 的含量升高时，染料的去除率随之明显提高。在 Fe∶Cu 为 9∶1 时，反应 3h，罗丹明 B 的去除率仅为 66.3％，而当 Fe∶Cu 降低到 1∶3 时，罗丹明 B 的去除率高达 95.4％。但是随着 Fe∶Cu 比例继续减小、Cu 的含量持续升高，染料去除率不再增大，表明 Fe 和 Cu 之间存在一个最佳配比。这是因为 Fe 和 Cu 均为芬顿活性金属，但是二者在同一 pH 值条件下催化活性相差较大，在酸性条件下（pH＝3 左右），Fe 具有更强的芬顿催化特性，而当 pH 值升高时，Fe 组分容易形成金属氢氧化物和金属氧化物，催化活性降低甚至完全失去催化活性，而 Cu 却在中性条件下能够更高效的产生氧化性物种，快速降解有机物。

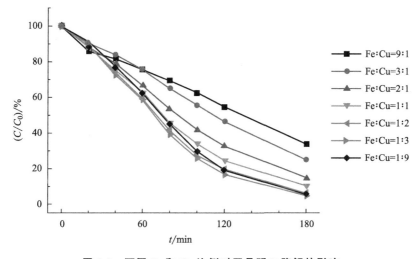

图 8-9　不同 Fe 和 Cu 比例对罗丹明 B 降解的影响

8.2.5　反应 pH 拓展催化剂的稳定性

稳定性是非均相催化剂在实际应用中最重要的性能之一，浸出金属可能对催化活性有贡献。使用后，用电感耦合等离子体质谱法测定浸出的铁和铜分别为 0.87mg/L 和 1.02mg/L。这是因为随着污染物的降解，反应溶液的酸碱度从中性降至酸性，导致金属溶解。然而，实验发现，残留在溶液中的金属离子不足以引起额外污染物的显著降解，这表明催化剂仍然在污染物的降解中起主要作用。即便如此，金属的浸出也不容忽视，因为金属的溶解会降低非均相催化剂上的有效成分，这也可能是样品重复使用后催化效果逐渐降低的部分原因（图 8-10）。

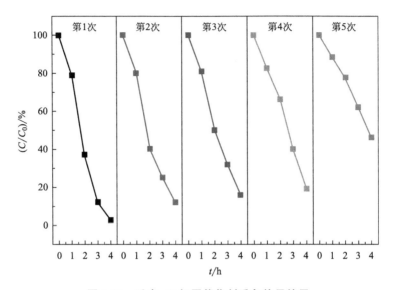

图 8-10　反应 pH 拓展催化剂重复使用结果

8.3　反应 pH 拓展催化剂的作用机制

8.3.1　反应 pH 拓展催化剂的协同机制

在芬顿反应中，由 Fe(Ⅲ) 转化为 Fe(Ⅱ) 是反应中的限速步骤，芬顿反应在中性或碱性条件下是无活性的。因此，开发具有宽 pH 值范围的高效铁基芬顿催化剂，已成为环境应用中具有吸引力和挑战性的课题。由催化剂表面形貌可知，活性组分在催化剂表面具有非常均匀的分布，而不是以散乱的大颗粒纳米粒子存在，这种分布可能成为催化剂具有高活性的原因之一。首先，当用 Al（焙烧后以 Al_2O_3 形式存在）修饰 SBA-15，由于修饰过程通过缓冲溶液控制 pH 值，$Al(OH)_3$ 在溶液中缓慢、均匀的分散在载体表面，从而形成分散均匀的 Al_2O_3 薄层。先行生长的、分散性良好的四面体 Al_2O_3 表面带有正电荷，当吸附大量 H^+ 之后具有较强的离子交换作用，而当继续浸渍 Fe 和 Cu 的活性组分时，Fe^{3+} 和 Cu^{2+} 与 H^+ 发生交换作用，从而均匀分布在 Al_2O_3 和 SBA-15 表面，在其后铁物种和铜物种的生长过程中起到"种子"的作用,从而在催化剂表面形成均匀细小的纳米层。这些高度分散的纳米层具有更多的活性位点,因此具有更大的催化活性。

催化剂对染料的高效降解除了均匀分散的活性组分,还与各组分间的协同作用有关。传统的类芬顿催化认为含 Fe 元素的催化剂是以 Fe 的类芬顿催化为中心同时形成铁循环,其他共负载金属元素可以起到加速铁循环的作用。然而,在本研究中,中性条件下 Fe 单独负载的催化剂活性小于具有相同金属负载量的 Cu 单独负载的催化剂,当用 Al 修饰后也是如此,这表明在中性条件下 Cu 的负载对类芬顿催化具有更大的贡献,而在最佳催化剂中 Fe 和 Cu 的摩尔比为 $1:3$,证实了类芬顿催化降解中占主导作用的是 Cu 的循环,而不是 Fe 的循环。同时根据标准电极电势可知,$E^0_{Fe(Ⅲ)/Fe(Ⅱ)}$ 为 $+0.771V$,$E^0_{Cu(Ⅱ)/Cu(Ⅰ)}$ 为 $+0.17V$,因此 Fe 的存在能够加速 Cu 循环,从而促进反应的发生。其次,在含 Fe 的类芬顿催化中存在一个重要的反应,即 $Fe(Ⅲ)+H_2O_2 \longrightarrow Fe(Ⅱ)+HO_2 \cdot +H^+$。这个反应是一个限速反应,$Fe(Ⅲ)$ 向 $Fe(Ⅱ)$ 的转化速率远低于 $Fe(Ⅱ)$ 氧化为 $Fe(Ⅲ)$ 的速率,因此成为常规类芬顿催化剂低效的一个重要原因。而当通过 Al_2O_3 对 SBA-15 进行修饰后,八面体结构中的 Al 起着路易斯酸的作用,能够吸引周围 $Fe(Ⅲ)$ 上的电子密度,从而促使 $Fe(Ⅲ)$ 更容易转化为 $Fe(Ⅱ)$。众所周知,$Fe(Ⅱ)$ 是产生 $\cdot OH$ 的高活性物种,因此类芬顿反应被进一步加快。综上所述,Fe 和 Cu 各自具有类芬顿催化活性,但是在中性条件下 Cu 的作用占主导地位,Fe 的存在能够加速 Cu 循环。Al 不但为反应提供了一个酸性微环境,而且加速了铁循环,使得催化剂能够在中性条件下高效降解染料。反应过程中发生的化学反应可表示如下:

$$Cu(Ⅱ)+H_2O_2 \longrightarrow Cu(Ⅰ)+HO_2 \cdot +H^+ \tag{8-1}$$

$$Cu(Ⅰ)+H_2O_2 \longrightarrow Cu(Ⅱ)+ \cdot OH+OH^- \tag{8-2}$$

$$Fe(Ⅲ)+H_2O_2 \longrightarrow Fe(Ⅱ)+HO_2 \cdot +H^+ \tag{8-3}$$

$$Fe(Ⅱ)+H_2O_2 \longrightarrow Fe(Ⅲ)+ \cdot OH+OH^- \tag{8-4}$$

$$Fe(Ⅲ)+Cu(Ⅰ) \longrightarrow Fe(Ⅱ)+Cu(Ⅱ) \tag{8-5}$$

8.3.2　反应 pH 拓展催化剂的电子转移机制

研究认为,与铁结合的路易斯酸可以通过吸引铁中心的电子密度和破

坏稳定的 Fe^{3+} 状态来促进 H_2O_2 对铁离子的还原。另一组研究还证实，铁基氧化物可以通过使用铝改性的 MCM-41 作为载体来增强对苯酚的 TOC 去除，但是研究认为掺杂的 Al 作为电子供体可以增加活性金属中心的电子密度，因为它们的电负性不同。虽然最近的一项研究支持了前一种观点，但该研究发现，铁-氮-石墨烯包裹的 Al_2O_3/镍黄铁矿的电子转移介质（ETM）可以显著增强芬顿催化活性，其中 Al_2O_3 促进电子转移，从而提高芬顿反应效率。显然，上述研究对 Al_2O_3 的作用和功能模糊不清，即：Al_2O_3 是作为路易斯酸从活性金属中心吸引电子还是反之？后负载 Al_2O_3 和 Al_2O_3 载体哪个效果更好？氧化硅骨架中嵌入的 Al 是否也有同样的效果？事实上，研究这个问题非常重要，因为不仅芬顿研究，越来越多的其他领域也在尝试使用 Al_2O_3 改性的负载型金属催化剂来增强反应活性。

催化活性增加的最可能原因是 Al_2O_3 的路易斯酸效应，该效应已在许多研究中得到应用。通过吡啶红外检测 Fe、Cu、Fe Cu 和 AlFeCu 负载样品中的酸性位点（图 8-11）。所有样品在 $1450cm^{-1}$、$1490cm^{-1}$ 和 $1612cm^{-1}$ 处吸附吡啶后都显示出若干谱带，其中 $1450cm^{-1}$ 和 $1610cm^{-1}$ 附近的两条强谱带对应于吸附在路易斯酸位点上的吡啶，$1490cm^{-1}$ 附近的条带对应于吸附在路易斯酸和布朗斯特酸位点上的吡啶。然而，在 $1540cm^{-1}$ 处没有观察到任何条带，这是吡啶吸附在布朗斯特酸位点上的特征峰，表明样品中的所有酸位点都属于路易斯酸。此外，铝修饰载体负载金属的样品谱带明显强于其他样品，表明氧化铝比铁和铜氧化物能提供更多的酸性位点。

吡啶红外光谱结果表明：Al、Fe 和 Cu 的氧化物都可以提供路易斯酸位点，这与它们都有吸引电子的趋势的理论一致。但是基于 Al 负载后催化活性显著增加的事实，Al、Fe 和 Cu 的氧化物不可能全部从自身外部吸引电子，因为 Fe 和 Cu 可以通过从 H_2O_2 吸引电子来激活芬顿反应，而 Al 或 Al_2O_3 则没有这样的作用。在吡啶红外实验中，进一步提高吡啶脱附的温度以获得样品路易斯酸性的强度，发现未修饰 Al 的样品上的所有谱带消失，而通过 Al 修饰载体制备的催化剂得到了保留，表明 Fe 和 Cu 提供了一些弱路易斯酸位点，而 Al_2O_3 贡献了样品的所有中强酸位点。

通过以上的研究，在催化剂上负载的 Al、Fe 和 Cu 之间的关系得到了明确。虽然这些元素的氧化物都可以提供路易斯酸位，但是 Fe 和 Cu 的路易斯酸性差不多且都比 Al 弱。因此，Al_2O_3 上的 Al 核有可能吸引了

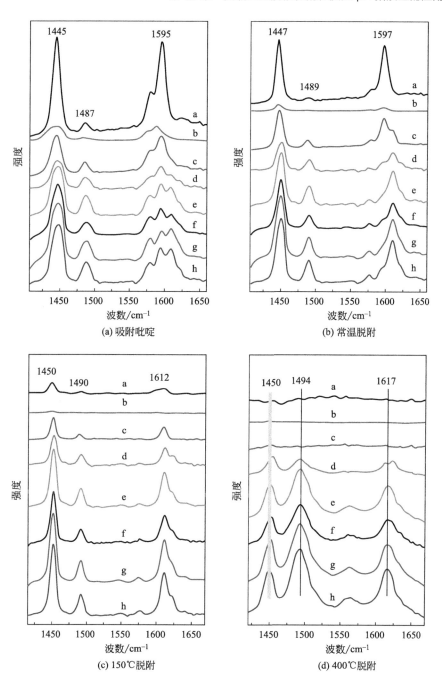

图 8-11　催化剂吡啶红外图

a—Fe-SBA；b—Cu-SBA；c—(Fe+Cu)-1∶3-SBA；d—Al(0.3)-(Fe+Cu)-1∶3-SBA；

e—Al(1.5)-(Fe+Cu)-1∶3-SBA；f—Al(3.0)-(Fe+Cu)-1∶3-SBA；

g—Al(4.5)-(Fe+Cu)-1∶3-SBA；h—Al(6.0)-(Fe+Cu)-1∶3-SBA

137

Fe 和 Cu 的电子密度，XPS 结果能够证明这一点。通过对所有样品的 XPS 光谱进行比较，发现 Al 修饰后 Fe 和 Cu 的结合能向较低的方向移动。相应地，与 Al 修饰载体相比，催化剂的 Al 2p 光谱向高结合能方向移动。当然，这种现象并不仅限于 Fe 和 Cu，在活化过一硫酸盐的催化反应中，Al 和 Co 的金属组分之间也发现了类似的电子转移。因此，在多个具有路易斯酸金属负载的催化剂中，氧化铝和其他金属氧化物发生电子转移在，电子从较弱的路易斯酸性物质转移到酸性较强的物质。

基于上述结果，可以明确，催化剂中载体修饰的 Al_2O_3 具有的中强路易斯酸促进了铁铜双金属体系中的电子转移。具体而言，Al_2O_3 吸引来自 Fe(Ⅱ) 和 Cu(Ⅱ) 的电子，此时相对稳定的 Fe(Ⅲ) 脱稳并与 H_2O_2 反应生成活性自由基，因此 Al_2O_3 的存在起到了类似于脱稳剂的作用。然而，由其他形式的 Al 制备的催化剂是否具有与后负载 Al_2O_3 相似的催化效果仍然是未知的。因此，分别以嵌入氧化硅骨架的 Al 样品（Al-MCM-41）和市售氧化铝（γ-Al_2O_3）为载体制备 Al 负载铁铜催化剂。经过测试发现，Al-MCM-41 取得了良好的催化效果，而 γ-Al_2O_3 催化效果较差，表明骨架 Al 形式存在的仍然可以促进催化活性，而块状氧化铝则活性较差。

参考文献

[1] Xia M，Long M，Yang Y，et al. A highly active bimetallic oxides catalyst supported on Al-containing MCM-41 for Fenton oxidation of phenol solution [J]. Applied Catalysis B：Environmental，2011，110：118-125.

[2] Fu D，Chen Z，Xia D，et al. A novel solid digestate-derived biochar-Cu NP composite activating H_2O_2 system for simultaneous adsorption and degradation of tetracycline [J]. Environmental Pollution，2017，221：301-310.

[3] Cecilia J A，Garciasancho C，Meridarobles J，et al. Aluminum doped mesoporous silica SBA-15 for glycerol dehydration to value-added chemicals [J]. Journal of Sol-Gel Science and Technology，2017，83（2）：342-354.

[4] Xiang W，Zhou T，Wang Y，et al. Catalytic oxidation of diclofenac by hydroxylamine-enhanced Cu nanoparticles and the efficient neutral heterogeneous-homogeneous reactive copper cycle [J]. Water Research，2019，153：274-283.

[5] Piera J，Backvall J. Catalytic oxidation of organic substrates by molecular oxygen and hydrogen peroxide by multistep electron transfer-a biomimetic approach [J]. Angewandte Chemie International Edition，2008，47（19）：3506-3523.

[6] Waclawek S，Lutze H V，Grubel K，et al. Chemistry of persulfates in water and wastewater

treatment：A review ［J］. Chemical Engineering Journal，2017，330：44-62.

［7］ J. Hazard. Mater. Lee H，Seong J，Lee K，et al. Chloride-enhanced oxidation of organic con-taminants by Cu(Ⅱ)-catalyzed Fenton-like reaction at neutral pH ［J］. Journal of Hazardous Materials，2018，344：1174-1180.

［8］ Fiorentino A，Cucciniello R，Cesare A D，et al. Disinfection of urban wastewater by a new photo-Fenton like process using Cu-iminodisuccinic acid complex as catalyst at neutral pH ［J］. Water Research，2018，146：206-215.

［9］ Akti F. Effect of kaolin on aluminum loading success in synthesis of Al-SBA-15 catalysts：Ac-tivity test in ethanol dehydration reaction ［J］. Microporous and Mesoporous Materials，2020，294：109894.

［10］ Lyu L，Yan D，Yu G，et al. Efficient destruction of pollutants in water by a dual-reaction-center Fenton-like process over carbon nitride compounds-complexed Cu(Ⅱ)-CuAlO$_2$ ［J］. Environmental Science & Technology，2018，52 (7)：4294-4304.

［11］ Wang H，Zhang L，Hu C，et al. Enhanced Fenton-like catalytic performance of Cu-Al/KIT-6 and the key role of O$_2$ in triggering reaction ［J］. Chemical Engineering Journal，2020，387：124006.

［12］ Longqian X，Linghui Z，Yunfeng M，et al. Enhancing the degradation of bisphenol A by dioxygen activation using bimetallic Cu/Fe@zeolite：Critical role of Cu(Ⅰ) and superoxide radical ［J］. Sep Purif Technol，2020，253：117550.

［13］ Ren Y，Shi M，Zhang W，et al. Enhancing the Fenton-like catalytic activity of nFe$_2$O$_3$ by MIL-53 (Cu) support：A mechanistic investigation ［J］. Environmental Science & Technol-ogy，2020，54 (8)：5258-5267.

［14］ Ma J，Xu L，Shen C，et al. Fe-N-graphene wrapped Al$_2$O$_3$/pentlandite from microalgae：High Fenton catalytic efficiency from enhanced Fe^{3+} reduction ［J］. Environmental Science & Technology，2018，52 (6)：3608-3614.

［15］ Gu T，Dong H，Lu T，et al. Fluoride ion accelerating degradation of organic pollutants by Cu(Ⅱ)-catalyzed Fenton-like reaction at wide pH range ［J］. Journal of Hazardous Materials，2019，377：365-370.

［16］ Zhang L，Xu D，Hu C，et al. Framework Cu-doped AlPO$_4$ as an effective Fenton-like cata-lyst for bisphenol A degradation ［J］. Applied Catalysis B：Environmental，2017，207：9-16.

［17］ Li L，Hu C，Zhang L，et al. Framework Cu-doped boron nitride nanobelts with enhanced in-ternal electric field for effective Fenton-like removal of organic pollutants ［J］. Journal of Ma-terials Chemistry，2019，7 (12)：6946-6956.

［18］ Lim H，Lee J，Jin S，et al. Highly active heterogeneous Fenton catalyst using iron oxide nan-oparticles immobilized in alumina coated mesoporous silica ［J］. Chemical Communications，2006，4：463-465.

[19] Luca C D, Massa P, Fenoglio R, et al. Improved Fe_2O_3/Al_2O_3 as heterogeneous Fenton catalysts for the oxidation of phenol solutions in a continuous reactor [J]. Journal of Chemical Technology & Biotechnology, 2014, 89 (8): 1121-1128.

[20] Ling Y, Long M, Hu P, et al. Magnetically separable core-shell structural γ-Fe_2O_3@Cu/Al-MCM-41 nanocomposite and its performance in heterogeneous Fenton catalysis [J]. Journal of Hazardous Materials, 2014, 264 (15): 195-202.

[21] Wei, Zhang, Zi-Xiang, et al. One-nanometer-precision control of Al_2O_3 nanoshells through a solution-based synthesis route [J]. Angewandte Chemie-International Edition, 2014, 126: 12990-12994.

[22] Sun Y, Yang Z, Tian P, et al. Oxidative degradation of nitrobenzene by a Fenton-like reaction with Fe-Cu bimetallic catalysts [J]. Applied Catalysis B: Environmental, 2019, 244: 1-10.

[23] Li J, Pham A N, Dai R, et al. Recent advances in Cu-Fenton systems for the treatment of industrial wastewaters: Role of Cu complexes and Cu composites [J]. Journal of Hazardous Materials, 2020, 392: 122261.

[24] Sun Y, Tian P, Ding D, et al. Revealing the active species of Cu-based catalysts for heterogeneous Fenton reaction [J]. Applied Catalysis B: Environmental, 2019, 258: 117985.

[25] Hsu Y, Chen Y, Lin Y. Spontaneous formation of CuO nanosheets on Cu foil for H_2O_2 detection [J]. Applied Surface Science, 2015, 354: 85-89.

[26] Zhu Y, Zhu R, Xi Y, et al. Strategies for enhancing the heterogeneous Fenton catalytic reactivity: A review [J]. Applied Catalysis B: Environmental, 2019, 255: 117739.

[27] Dai C, Tian X, Nie Y, et al. Surface facet of $CuFeO_2$ nanocatalyst: a key parameter for H_2O_2 activation in Fenton-like reaction and organic pollutant degradation [J]. Environmental Science & Technology, 2018, 52 (11): 6518-6525.

第**9**章
负载型金属催化剂在苯酚降解中的应用

9.1 苯酚及其危害性

近年来随着石化行业的发展，苯酚废水的污染问题日渐突出。苯酚简称酚，又名石碳酸，常温下是一种无色或白色针状结晶，密度约 $1.07g/cm^3$。苯酚熔点很低，超过 $40℃$ 就会熔化。苯酚在潮解变成液体后，有一定的腐蚀性，稀的苯酚溶液可以直接用作防腐剂和消毒剂，曾被称为"消毒防腐之父"，但是目前苯酚的这种功能已被其他药品取代。

苯酚被广泛应用于各行各业，但也因此成为一类分布广泛的重要污染物，这类污染物一旦进入水体，只需浓度为 $0.1～0.2mg/L$ 时鱼类就会有异味，浓度过高时会让鱼群致死；如果进入人体则会使细胞内的蛋白质变性而杀死细胞，引起头晕、贫血等症状，同时对神经系统也有一定的损害作用。吸入高浓度苯酚蒸气可引起头痛、头昏、乏力、视物模糊、肺水肿等表现。误服苯酚可引起消化道灼伤，发生胃肠道穿孔，并可出现休克、肺水肿、肝或肾损害。一般可在 $48h$ 内出现急性肾功能衰竭。目前，我国苯酚废水排放（GB 8978—1996）的三级标准是 $1.0mg/L$，二级标准 $0.4mg/L$，一标准是 $0.3mg/L$。为了达到这些排放标准，就需要重视苯酚废水的处理。

9.2 苯酚降解中负载型金属催化剂的应用

对于含酚废水的处理，高级氧化法被认为是一种较有应用前景的方法。在含酚废水高级氧化法中，由 Fe 或其他过渡金属离子与 H_2O_2 组成的芬顿试剂吸引了广大研究人员的注意。利用芬顿试剂氧化降解含酚废水可分为均相芬顿氧化法和多相类芬顿氧化法。相比于均相芬顿氧化法，以负载型金属催化剂为主的多相芬顿氧化法因催化剂易于分离避免了对水体的二次污染而更加引起人们的关注。

目前已经开发出各种负载型金属催化剂，常见的为固定在沸石、黏土和碳材料上的铁、铜等过渡金属及其氧化物，通过催化反应过程降解有机污染物。负载型金属催化剂较传统的催化剂有很多优点，一方面负载型催化剂作为多相催化剂在反应中能有效吸附氧化过程中产生的有机物，而且在反应后容易从废水中分离，减少操作步骤；另一方面，这种催化剂负载的金属离子在催化过程中能形成稳定的金属氧化物，有效地提高了催化氧化效率。

在负载型金属催化剂中，具有高反应性和低成本的含铁材料如 Fe、Fe_2O_3、Fe_3O_4 和 FeOOH 受到了广泛的研究。在反应中，Fe^{2+}/Fe^{3+} 的氧化还原循环激活 H_2O_2 产生·OH，提高电子传输速度对于加速该反应特别重要。石墨烯是一种新颖的二维石墨碳材料，由于其优异的电子传输性能备受关注，作为石墨烯衍生物的氧化石墨烯（GO）包含各种亲水性的含氧官能团，并且比石墨烯具有更高的柔韧性。在惰性气体或金属存在下，通过水热处理或高温焙烧，GO 可以很容易地还原为还原氧化石墨烯（rGO）。与 GO 相比，rGO 具有更高的电导率和热稳定性，这可以促进芬顿过程中的电子传输速度。另外，rGO 还可以防止 Fe 的聚集并进一步增强催化活性。因此，以 GO 或者 rGO 为载体的金属催化剂在苯酚降解研究中获得了关注。近年来，中孔载体被广泛用于催化领域，因为它更易于产物扩散并因此有利于反应。其中，MCM-41 由于其中孔尺寸分布宽和比表面积大而备受关注，为了进一步提高催化剂的活性，通过混合水热焙烧处理合成了一种介孔 MCM-41 负载的还原氧化石墨烯-Fe 催化剂，载体的使用使得催化剂在苯酚降解中的活性和稳定性显著提高，苯酚降解动力学符合一级动力学模型。

环糊精（CDs）是一组天然环状寡糖，具有多个葡萄糖亚基，由于其独特的特性已得到广泛应用。以环糊精为载体，过渡金属为活性组分，采用共沉淀法合成的纳米复合材料中存在氧空位和晶格缺陷，在室温下对苯酚的催化降解表现出比其他材料更高的特性，这主要归因于环糊精的促进作用。这是一种很有前途的绿色技术，可以在实践中广泛应用。

9.3 影响负载型金属催化剂降解苯酚的因素

9.3.1 负载元素对苯酚降解的影响

研究以 Al 改性的 SiO_2（SBA-15）为载体，Fe、Cu 金属共负载作为活性组分制备了负载型金属催化剂。首先研究了负载元素对催化活性的影响。实验条件：苯酚 10mg/L、100mL，pH＝7，催化剂 0.2g/L，H_2O_2 20mmol/L。在中性条件下，Fe 单独负载的催化剂和 Cu 单独负载的催化剂对苯酚的降解效果非常有限，反应 60min 时苯酚的降解均不足 50％（图 9-1），然而在中性条件催化剂 Cu/SBA-15 催化 H_2O_2 氧化降解苯酚的能力要高于 Fe/SBA-15 催化剂，这是由于在非均相类芬顿催化剂中 Cu 具有 Fe 类似的性质且在中性条件下铜的催化活性优于铁的。当 Fe 和 Cu 共负载时，催化剂对苯酚的降解效果有所提高，反应 60min 时苯酚去除效果达到 52.95％，这可能是由于金属组分 Fe 和 Cu 之间的相互作用提高了催化活性。在只有 Al 负载而无铁铜金属组分负载时对苯酚几乎没有任何的去除效果，这表明 Al 的负载并不是催化剂催化活性的来源，即 Al 没有任何类芬顿催化活性，同时 Al@SBA-15 对苯酚几乎无任何的吸附作用。在经过 Al 负载、Fe 和 Cu 共负载之后所制得的催化剂（Fe-Cu/Al@SBA-15）对苯酚的降解效果迅速提升，反应 30min 时苯酚的去除率即可达到 95.54％，远远高

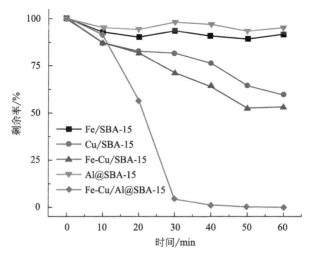

图 9-1 催化剂及参比样品对苯酚的去除

于 Fe-Cu/SBA-15 催化剂。以上结果表明 Fe、Cu 金属组分是催化剂催化活性的来源且存在一定的协同作用，Al 的改性能够提高催化剂的催化活性。

9.3.2 催化剂浓度对苯酚降解的影响

催化剂是反应中最重要的因素之一，催化剂浓度影响催化反应的完成程度，因此实验考察了催化剂浓度对苯酚降解的影响。当催化剂的浓度从 0.1g/L 逐渐递增到 0.5g/L 时，体系对苯酚的去除率迅速增加（图 9-2），在反应进行到 20min 时，苯酚的去除率分别达到 15.36%、41.53%、85.46%、91.46%、95.30%，平均反应速率分别为 0.0768mg/(L·min)、0.20765mg/(L·min)、0.4273mg/(L·min)、0.4573mg/(L·min) 和 0.4765mg/(L·min)。催化剂浓度为 0.3～0.5g/L、反应进行 30min 时苯酚的去除率均可接近 100%。由此可见，随着催化剂浓度的增大，苯酚的降解效果也随之提高。苯酚的氧化降解可以分为两个过程：第一个过程主要发生的是催化剂激活 H_2O_2 产生·OH；第二个过程主要发生的是·OH 氧化降解苯酚。随着催化剂浓度的增大提供的活性反应位点数目增多，H_2O_2 更容易与活性位点接触，在苯酚氧化降解的第一过程中会迅速产生大量的·OH，使得苯酚的氧化降解速率加快。然而过高的催化剂投加量会造成成本上升，同时也会使得催化剂在溶液中发生团聚，导致催化活性降低造成催化剂的浪费。综上该反应体系中催化剂的浓度选为 0.2g/L，

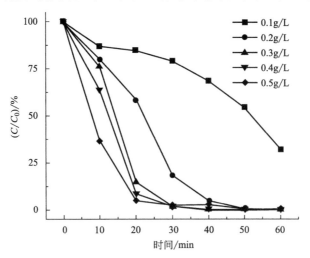

图 9-2 催化剂浓度对苯酚降解的影响

这样既能保证较高的反应速率，也能保持相对合理的成本。

9.3.3 氧化剂浓度对苯酚降解的影响

在非均相芬顿体系中，H_2O_2 作为氧化剂在催化剂的催化作用下产生 ·OH 降解污染物，因此考察了 H_2O_2 浓度对苯酚降解的影响。在 H_2O_2 浓度从 10mmol/L 逐渐增加到 50mmol/L 时，反应体系对苯酚的去除并不是随之递增，而呈现无规律情形（图 9-3）。当反应进行到 30min 时，苯酚的去除率则分别为 82.58%、95.54%、81.86%、76.34% 和 84.98%，H_2O_2 浓度为 20mmol/L 时苯酚的降解效果最好。在 10～20mmol/L 之间增大 H_2O_2 的浓度能够促进苯酚的降解，增大 H_2O_2 的浓度能够产生更多的 ·OH 降解污染物。当 H_2O_2 浓度在 30～50mmol/L 之间时，在催化剂浓度一定的情况下催化剂的活化能力有限，不能够及时的活化 H_2O_2，导致过量的 H_2O_2 与 ·OH 反应，从而降低了与苯酚反应的 ·OH 数量，出现苯酚降解的无规律情形。综合考虑 H_2O_2 浓度选用 20mmol/L，这样既能保证苯酚被快速降解，也能保持相对合理的成本。

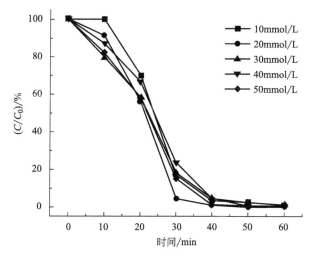

图 9-3 氧化剂浓度对苯酚降解的影响

9.3.4 温度对苯酚降解的影响

温度对催化反应的影响主要体现在活化能和反应速率上。从图 9-4 中可以看出温度对苯酚降解的影响非常显著，在 15℃ 时反应 60min 苯酚的

去除率仅达到 84.98%，而在 25℃时反应 30min 苯酚的去除率即可达到
95.54%，35℃时 20min 即可达到 96.74%，45℃时 10min 已基本上完全
降解（图 9-4）。实验结果表明随着温度的升高，苯酚的降解速率迅速增
大，反应 10min 时平均反应速率从 15℃的 0.0143mg/(L·min) 提高到
45℃的 0.9890mg/(L·min)。这可能是由于苯酚的氧化降解过程可以分
为两个过程：第一过程主要是催化剂上的铁铜活性组分活化 H_2O_2 产生
·OH；第二过程主要是·OH 氧化降解苯酚。随着温度的升高第一过程
的反应速率迅速提高并产生大量的·OH；伴随着·OH 数量的增多和温
度的升高，苯酚氧化降解的速率加快。综合考虑温度带来的反应速率提升
和加热成本，反应温度选择 25℃较为适宜。

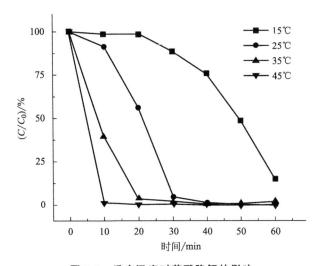

图 9-4　反应温度对苯酚降解的影响

9.3.5　初始 pH 值对苯酚降解的影响

探索了催化剂的 pH 值适用性以及不同初始 pH 值对体系降解苯酚的
影响。溶液初始 pH 值分别为 3、5、7 和 9 时苯酚几乎完全降解所需要的
时间分别为 50min、40min、30min 和 40min（图 9-5）。实验结果表明催
化剂的 pH 值适应能力较强，不同初始 pH 值对体系降解苯酚的影响较小，
且中性条件催化剂展现出最佳的催化活性。实验结果不同于以前的含铁催
化剂在酸性条件下展现出最佳性能，这可能是由于在催化剂中除了铁以外
还含有过渡金属 Cu 引起的。之前的研究表明，铜基芬顿体系中 CuO 在中

性条件下具有最佳的催化性能，当然在酸性条件下 CuO 也具有催化活性，但是 CuO 在酸性条件下非常不稳定会影响其催化活性。本实验所制备的催化剂包含 Fe_2O_3 和 CuO，中性及碱性条件下主要依靠 CuO 激活 H_2O_2，在酸性条件下 Fe_2O_3 和 CuO 共同激活 H_2O_2，铁铜之间存在一定的协同作用，提高了催化剂的 pH 值适应能力，使得催化剂具有广泛的 pH 值适应范围。

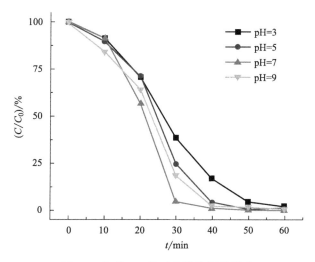

图 9-5　初始 pH 值对苯酚降解的影响

9.3.6　无机离子对苯酚降解的影响

未添加 NaCl 时，反应 30min 时 54.73％的苯酚被降解。添加 NaCl 的浓度分别为 20mmol/L、40mmol/L、60mmol/L 和 80mmol/L 时分别有 44.17％、64.33％、74.90％和 80.18％的苯酚被降解（图 9-6），表明 NaCl 为 20mmol/L 时会严重抑制苯酚的降解；当 NaCl 为 40～80mmol/L 时，增大 NaCl 浓度有利于苯酚的降解。值得注意的是，NaCl 浓度为 80mmol/L 时，反应 10min 苯酚的去除效果比未添加 NaCl 时提高了 36.18％。这可能是由于在 NaCl 浓度为 20mmol/L 时 Cl$^-$ 作为·OH 的清除剂减少了与苯酚反应的·OH 的数量，同时产生了低氧化性的·Cl，阻碍了苯酚的去除。当 NaCl 为 40mmol/L、60mmol/L、80mmol/L 时溶液中生成了具有降解能力的 HClO，在 HClO 和·OH 的双重作用下加速了苯酚的降解。

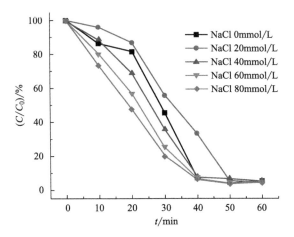

图 9-6 无机离子对苯酚降解的影响

9.4 负载型金属催化剂降解苯酚的机理

在传统的芬顿反应中，反应在酸性条件下进行，体系中起作用的活性物种主要为·OH。而本研究中体系在中性条件下进行，为了探明起作用的活性物种，研究通过自由基捕获剂对催化体系进行了研究，当未加入捕获剂时，反应 1h 后苯酚几乎完全去除。当加入·OH 的化学捕获剂甲醇时，反应 1h 后苯酚的去除率仅为 1.91%，相对于无甲醇捕获剂时减少了 97.95%（图 9-7），甲醇对体系极大的抑制作用表明催化剂在中性条件下

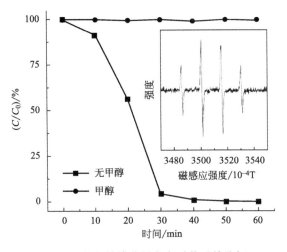

图 9-7 自由基捕获剂存在对苯酚的降解

活化 H_2O_2 降解苯酚的活性物种仍然为·OH。为了进一步验证活性物种为·OH，通过电子顺磁共振（EPR）检测了溶液中的自由基，当用 DM-PO（5,5-二甲基-1-吡咯 N-氧化物）作为自旋捕获剂时，形成的加成物出现了·OH 的 1∶2∶2∶1 四重特征峰，进一步证实了此研究制备的催化剂在中性条件下起降解作用的主要活性物种为高氧化性的·OH。

9.5　负载型金属催化剂降解苯酚的重复利用性能

为了研究催化剂的重复性和稳定性，连续 4 次使用催化剂催化降解苯酚，每次重复使用前只需要用超纯水和无水乙醇多次洗涤并烘干。随着催化剂重复性次数的增多，反应 1h 后苯酚的降解去除率分别为 98.9%、97.94%、91.70% 和 85.46%，苯酚的去除率变化不大（图 9-8），经过 4 次重复使用之后在 1h 之内苯酚的去除率相对于第 1 次使用时仅降低了13.44%。据报道，在催化剂的重复实验过程中催化剂的催化活性降低是一种正常的现象，这可能是由于 Fe、Cu 金属活性组分泄露或中间体引起的催化剂中毒。用与溶出离子等量的 Fe^{3+} 与 Cu^{2+} 实验之后发现如此低浓度的金属离子在 pH＝7 条件下对苯酚的降解低于 5%，这些结果表明溶出的金属不足以影响体系对苯酚的催化性能，更值得注意的是催化剂经过 4

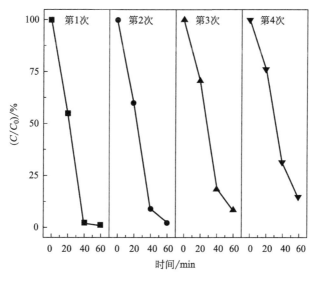

图 9-8　催化剂重复使用条件下对苯酚的降解

次重复使用之后在 1h 之内苯酚的去除率仍然能达到 85.46%，以上结果共同表明所制备的催化剂具有良好的稳定性和可重复利用性。

参考文献

[1] Bandosz T J，Policicchio A，Florent M，et al. Solar light-driven photocatalytic degradation of phenol on S-doped nanoporous carbons：The role of functional groups in governing activity and selectivity [J]. Carbon，2020，156：10-23.

[2] Guo L，Chen F，Fan X，et al. S-doped α-Fe_2O_3 as a highly active heterogeneous Fenton-like catalyst towards the degradation of acid orange 7 and phenol [J]. Applied Catalysis B：Environmental，2010，96 (1)：162-168.

[3] Wang C，Gao J，Gu C. Rapid destruction of tetrabromobisphenol a by iron (Ⅲ)-tetraamidomacrocyclic ligand/layered double hydroxide composite/H_2O_2 system [J]. Environmental Science & Technology，2017，51 (1)：488-496.

[4] Wang F，Xu L，Sun C，et al. Investigation on preparation of p-benzoquinone through the organoselenium-catalyzed selective oxidation of phenol [J]. Chinese Journal of Organic Chemistry，2017，37 (8)：2115-2118.

[5] Luca C D，Massa P，Fenoglio R，et al. Improved Fe_2O_3/Al_2O_3 as heterogeneous Fenton catalysts for the oxidation of phenol solutions in a continuous reactor [J]. Journal of Chemical Technology & Biotechnology，2014，89 (8)：1121-1128.

[6] Yalfani M S，Contreras S，Medina F，et al. Hydrogen substitutes for the in situ generation of H_2O_2：An application in the Fenton reaction [J]. Journal of Hazardous Materials，2011，192 (1)：340-346.

[7] Zhang L，Xu D，Hu C，et al. Framework Cu-doped $AlPO_4$ as an effective Fenton-like catalyst for bisphenol A degradation [J]. Applied Catalysis B：Environmental，2017，207：9-16.

[8] Xu L，Wang J. Fenton-like degradation of 2，4-dichlorophenol using Fe_3O_4 magnetic nanoparticles [J]. Applied Catalysis B：Environmental，2012，123-124：117-126.

[9] Longqian X，Linghui Z，Yunfeng M，et al. Enhancing the degradation of bisphenol A by dioxygen activation using bimetallic Cu/Fe@zeolite：Critical role of Cu(Ⅰ) and superoxide radical [J]. Separation and Purification Technology，2020，253：117550.

[10] Fukuchi S，Nishimoto R，Fukushima M，et al. Effects of reducing agents on the degradation of 2，4，6-tribromophenol in a heterogeneous Fenton-like system with an iron-loaded natural zeolite [J]. Applied Catalysis B：Environmental，2014，147：411-419.

[11] Bayat M，Sohrabi M，Royaee S J. Degradation of phenol by heterogeneous Fenton reaction using Fe/clinoptilolite [J]. Journal of Industrial and Engineering Chemistry，2012，18 (3)：957-962.

[12] De la plata G B O，Alfano O M，Cassano A E. Decomposition of 2-chlorophenol employing

goethite as Fenton catalyst. I. Proposal of a feasible, combined reaction scheme of heterogeneous and homogeneous reactions [J]. Applied Catalysis B: Environmental, 2010, 95 (1): 1-13.

[13] Zhang J, Zhuang J, Gao L, et al. Decomposing phenol by the hidden talent of ferromagnetic nanoparticles [J]. Chemosphere, 2008, 73 (9): 1524-1528.

[14] Wang C, Jia S, Zhang Y, et al. Catalytic reactivity of Co_3O_4 with different facets in the hydrogen abstraction of phenol by persulfate [J]. Appl Catal B-Environ, 2020, 270: 118819.

[15] Luo M, Yuan S, Tong M, et al. An integrated catalyst of Pd supported on magnetic Fe_3O_4 nanoparticles: simultaneous production of H_2O_2 and Fe^{2+} for efficient electro-Fenton degradation of organic contaminants [J]. Water Research, 2014, 48: 190-199.

[16] Qian L, Liu P, Shao S, et al. An efficient graphene supported copper salen catalyst for the activation of persulfate to remove chlorophenols in aqueous solution [J]. Chemical Engineering Journal, 2019, 360: 54-63.

[17] ShuklA P, Wang S, Sun H, et al. Adsorption and heterogeneous advanced oxidation of phenolic contaminants using Fe loaded mesoporous SBA-15 and H_2O_2 [J]. Chemical Engineering Journal, 2010, 164 (1): 255-260.

[18] Xia M, Long M, Yang Y, et al. A highly active bimetallic oxides catalyst supported on Al-containing MCM-41 for Fenton oxidation of phenol solution [J]. Applied Catalysis B: Environmental, 2011, 110: 118-125.

[19] 孔令涛, 李兴发, 张峰. 中性条件下 Fe_2O_3-CuO/Al_2O_3/SBA-15 催化降解焦化废水的研究 [J]. 煤炭技术, 2018, 37 (10): 357-359.

[20] 邓曹林, 王京刚, 王颖, 等. 石墨烯改性 Al-MCM-41 介孔分子筛负载铁芬顿催化剂降解苯酚 [J]. 环境化学, 2015, 6: 1185-1192.

[21] 赵宝顺, 肖新颜, 张会平. 纳米二氧化钛光催化降解苯酚水溶液 [J]. 精细化工, 2005, 22 (5): 339-341.

[22] 杨帆, 刘志英, 赵浩, 等. 非均相微波协同类 Fenton 催化降解废水中的苯酚 [J]. 工业水处理, 2017, 37 (10): 61-65.

[23] 吴祖成, 李伟. UV/H_2O_2 系统光催化氧化降解苯酚废水 [J]. 化工学报, 2001, 52 (3): 277-280.

第10章
负载型金属催化剂在过硫酸盐催化中的应用

10.1 过硫酸盐催化技术简介

过硫酸盐催化技术是在芬顿技术之后发展起来的一种高级氧化技术，通过活化过硫酸盐产生高氧化性 SO_4^- ·降解有机物。大量研究表明含 Co 催化剂是活化过一硫酸盐（PMS）最好的催化剂，Ag（Ⅰ）与含 Fe 催化剂是活化过二硫酸盐（PDS）最好的催化剂。与传统的以羟基自由基（·OH）为主的芬顿氧化技术相比，这种技术具有 pH 适用范围广（可在 pH 2～9 下进行）、氧化电势高（2.5～3.1V）、自由基寿命长（半衰期可达 30～40μs）和选择性氧化（受环境背景物质影响低）等明显优点，因此过硫酸盐氧化技术迅速成为研究热点。

使用 Co^{2+}、Fe^{2+}、Ag^+ 等过渡金属离子活化过硫酸盐降解土壤中的芘，发现 Fe^{2+} 是活化 PDS 最佳的催化剂且反应 2h 后芘的降解达 90% 以上；Co^{2+} 是活化 PMS 最适催化剂且反应 5min 后 94.5% 的芘被降解。使用 UV、PS、UV/PS 等工艺降解二苯甲酮-4，发现 UV/PS 工艺下二苯甲酮-4 的去除效果最好，在 PS 1mmol/L 反应 30min 时二苯甲酮-4 的降解率达到 90% 以上。采用 Fe_3O_4 活化 PMS 降解对 10mg/L 的乙酰氨基酚（APAP），在 Fe_3O_4 0.8g/L、PMS 0.2mmol/L 条件下反应 2h，APAP 的降解效果达到 75%，EPR 技术证明降解 APAP 的活性物种为 ·OH 和 SO_4^- ·。采用沉淀法制备出粒径约为 20nm 的球形 Co_3O_4 颗粒并活化 PMS 降解酸性橙 7，在中性条件下纳米 Co_3O_4 具有较好的催化活化。

虽然四氧化三钴（Co_3O_4）作为典型的含钴氧化物能够在中性条件下活化过一硫酸盐降解有机物，但是需要较高的催化剂投加量、较长的反应时间，同时催化剂的主要成分 Co_3O_4 会在反应中流失造成催化活性下降和二次污染。为了提高催化剂的催化活性，部分研究者将 Co、Fe 等负载在氧化铝、二氧化钛和石墨烯等载体上制备催化剂，既能够提高活性组分的分散效果，降低金属使用量，同时可以利用载体和活性组分之间的相互作用提高催化活性。例如以还原氧化石墨烯（rGO）为载体制备出 Fe_3O_4/rGO 催化剂并活化 PDS 降解三氯乙烯（TCE），反应 5min 时 TCE 去除效果高达 98.6%，研究结果表明 Fe_3O_4 的氧化还原作用与 rGO 表面上含氧官能团的电子转移加强了 SO_4^-·的生成。通过浸渍法制备出 Co/TiO_2 催化剂活化 PMS 降解 2,4-二氯苯酚，研究发现 Co/TiO_2 催化剂催化活性远远未负载催化剂，因为 TiO_2 能够促进 Co-OH 复合物的形成，而这被认为是此反应中活化 PMS 的关键步骤。

10.2　过硫酸盐活化催化剂的研究实例

10.2.1　过硫酸盐活化催化剂的制备

① Al 改性的 SBA-15 的方法按照文献报道的方法进行，首先取适量的甲酸和甲酸铵配置成 pH=4.4 缓冲溶液；然后称取一定量的硫酸铝将其溶解在缓冲溶液中，待硫酸铝完全溶解后加入一定量的 SBA-15，在 60℃条件下水浴加热搅拌 3h；待混合液冷却至室温后采用真空抽滤过滤，用无水乙醇和超纯水多次洗涤以去除表面的杂质；将洗涤后的固体在电热鼓风干燥箱 70℃的条件下干燥 24h 以去除水分和乙醇，待冷却后在马弗炉 500℃条件下焙烧 2h，即可得到 Al@SBA-15 的制备。

② 称取一定量的硝酸钴并将其溶解在稀硝酸溶液中，采用等体积浸渍法将硝酸钴溶液和 Al@SBA-15 硝酸钴溶液混合搅拌并在室温下晾干，将得到的 Co/Al@SBA-15 催化剂的前体搅碎并在电热鼓风干燥箱 120℃条件下干燥 2h 以去除水分，待冷却后在马弗炉 500℃条件在焙烧 5h，冷却后研磨成粉状即可得到 Co/Al@SBA-15 催化剂。为了研究负载元素 Al 对催化剂催化性能的影响，根据同样的方法分别制备了相同 Co 负载水平不同 Al 含量的催化剂。

③ 称取一定量的硝酸钴并将其溶解在稀硝酸溶液中，采用等体积浸渍法将 SBA-15 和硝酸钴溶液混合搅拌，在室温下晾干，将得到的 Co@SBA-

15 催化剂前体搅碎并在电热鼓风干燥箱 120℃条件下干燥 2h，待冷却后在马弗炉 500℃条件在焙烧 5h，冷却后研磨成粉状即可得到 Co@SBA-15 催化剂。

10.2.2　过硫酸盐活化催化剂的表征

通过透射电镜（TEM）对催化剂切片后观察发现，在多孔材料 SBA-15 的孔道内出现大量负载物质，且分布较为均匀，与原始 SBA-15 相比，孔道结构保持完整，表明活性组分成功负载，而且呈良好的分散状态（图 10-1）。进一步通过扫描电镜并结合能谱分析（SEM-EDS），通过随机选取一定区域进行观察，发现除了载体 SBA-15 的主要元素 Si 和 O 之外，还检测到了 Al 和 Co 元素，且其在催化剂表面完全均匀分布，分布位置与载体所含元素 Si 和 O 完全相同，表明本研究制备的催化剂上活性组分呈良好的分散状态（图 10-2）。

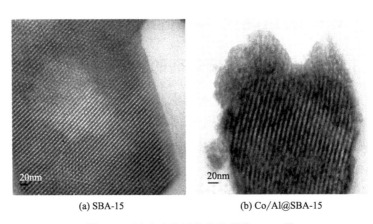

(a) SBA-15　　　　　　　　(b) Co/Al@SBA-15

图 10-1　过硫酸盐活化催化剂的 TEM 图

通过对催化剂粉末压片后在 X 射线光电子能谱仪（XPS）上观察（图 10-3），发现催化剂全谱图上元素含有 Al、Co、Si、O 等 [图 10-3(a)]，这与 SEM-EDS 中元素测定结果一致，进一步证明了 Al 和 Co 的成功负载。通过对 Al 的分谱进行分析，Al 的 2p 分谱中只有一个主峰，其结合能处于 74.9eV [图 10-3(b)]，对应于 Al_2O_3 中的 Al(Ⅲ)。Co 2p 的分谱中两个主峰的结合能分别位于 782.15eV 和 798.05eV [图 10-3(c)]，对应于 Co $2p_{3/2}$ 和 Co $2p_{1/2}$，这两个主峰之间结合能差值约为 15eV，这是 Co_3O_4 的特征峰，与文献报道的结果一致。上述 XPS 测定结果表明 Al 负载之后形成 Al_2O_3，负载的 Co 形成 Co_3O_4。

(a)

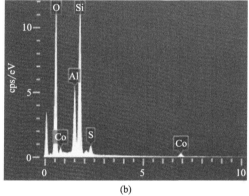

(b)

图 10-2 过硫酸盐活化催化剂的 SEM-EDS 图

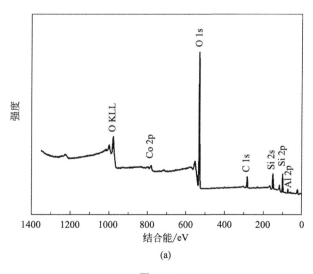

(a)

图 10-3

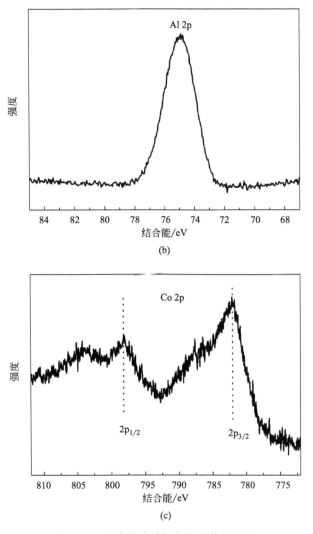

图 10-3　过硫酸盐活化催化剂的 XPS 图

　　由不同 Al 含量的 X 射线衍射图谱（XRD）可知（见图 10-4），衍射角在 23°的宽峰为无定型 SiO₂（SAB-15 化学成分）的峰，而在 36.5°左右形成的峰经与标准卡片（卡片号：42-4167）比对后属于 Co₃O₄。而且，随着 Al 的负载及 Al 含量的提高，无定型 SiO₂ 的峰保持不变，而活性组分形成的 Co₃O₄ 的峰越来越弱，这符合纳米粒子越来越小、分散性越来越好的特征。由于进行 XRD 测试的所有催化剂负载的 Co 含量是相同的，表明在 Co 催化剂表面形成了极其细小的纳米颗粒且高度分散，这一结果

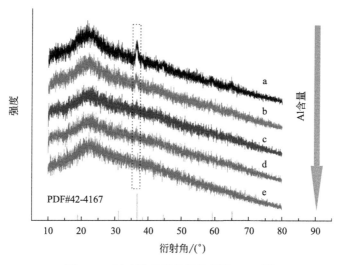

图 10-4　过硫酸盐活化催化剂的 XRD 图

表明 Al 越高，活性组分分散性越好。图 10-4 中，a～e，表示制备催化剂时 Al 前体质量分别为 0.0g、0.3g、0.9g、1.5g、3.0g。

10.2.3　过硫酸盐活化催化剂的性能

在载体 SBA-15 上单独负载 Al、Co 以及共负载 Al 和 Co 得到的催化剂用于污染物去除，反应 1h 后 Co/Al@SBA-15 对污染物的去除率可达 99.7%，即使在 20min 内也可达到 93.2%，而相同条件下 Al@SBA-15 和 Co@SBA-15 对污染物的去除率分别只有 18.9% 和 22.0%（图 10-5）。进一步研究发现，Co/Al@SBA-15 自身的吸附作用对污染物的去除率只有 5.6%，这表明催化剂对污染物无明显的吸附作用，而且在 SBA-15 上负载 Al 并不会增加催化剂的吸附性能。单独的 PMS 对污染物的去除几乎无作用，表明反应体系对污染物的高去除效果并不是由 PMS 自身的氧化作用引起。由于催化剂在反应进行到 20min 时污染物已基本上完全降解，而负载 Al 形成的样品对污染物去除较低，可以得出在催化剂中掺杂 Al 物质不能够改变催化剂的吸附性能且 Al 物质并不是催化活性的来源，但能够提高催化剂的催化活性。

10.2.4　Al 对过硫酸盐活化催化剂的影响

在负载元素对催化剂催化性能的影响实验中，已经得知 Al 的负载能

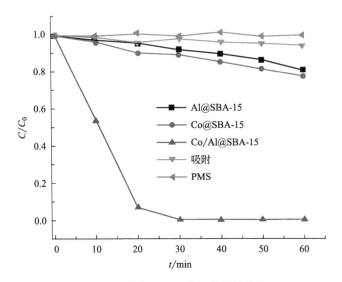

图 10-5　过硫酸盐活化催化剂的性能

够增强催化剂的催化活性。为了进一步研究 Al 含量对催化性能的影响，因此考察了 Co/Al@SBA-15 中不同 Al 含量对催化剂催化活性的影响。随着 Al 含量的增加，反应进行到 20min 时，污染物的降解去除率分别为9.7％、77.3％、66.5％、99.7％和72.9％（图 10-6）。实验结果表明在 Al 含量由 0.0g 增加到 1.5g 时，随着 Al 含量的增加污染物的去除效果逐

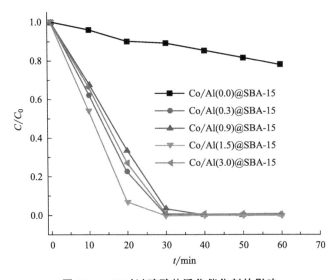

图 10-6　Al 对过硫酸盐活化催化剂的影响

渐增加，表明 Al 的含量会促进催化剂的活性；然而 Al 的含量由 1.5g 增加到 3.0g 时，催化剂对污染物降解去除反而下降。这是因为，Al 的含量为 0.3 g 和 0.9 g 时，Al_2O_3 氧化膜并未完全覆盖在 SBA-15 介孔表面上，阻碍了 Co 活性组分的分散；Al 的含量为 1.5g 时，Al_2O_3 氧化膜已经能够均匀的完全覆盖在 SBA-15 介孔表面上，此时 Al 物质对催化剂催化活性的促进作用已经达到最大；而在 Al 的含量为 3.0g 时，Al_2O_3 氧化膜会重复覆盖在 SBA-15 表面上，不会增加催化剂的催化活性。由于 Al 的含量为 1.5g 时，Al 物质对催化剂催化活性的促进作用已经达到最大。因此制备催化剂时 Al 物质的含量选用 1.5g 既能够保证较高的反应速率，也能保持相对合理的成本。

10.2.5 焙烧温度对过硫酸盐活化催化剂的影响

由实验可知，对单独负载 Co 的催化剂 Co@SBA-15 而言，焙烧温度对其活化性能有显著的影响（图 10-7）。在焙烧温度 400～900℃的范围内，催化剂活化 PMS 的催化活化性整体较低，在最佳的焙烧温度下制得的样品 Co@SBA-15-550 ℃在反应 60min 对模拟污染物苯酚的降解去除也仅仅只有 22.0%，催化效果差的原因可能是因为载体 SBA-15 上活性组分 Co 的负载量过少使得催化剂表面的活性位点的量过少，因此催化效率整

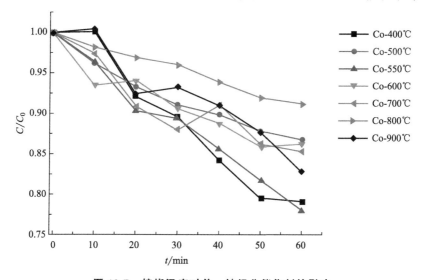

图 10-7 焙烧温度对单一钴组分催化剂的影响

体上较差。随着焙烧温度从 400℃上升到 900℃的过程中，催化效率先升高后下降，并在 400℃和 550℃均达到最佳，这是因为焙烧温度过低如 400℃时可能焙烧不彻底使得活性组分 Co 更多的以 $Co(NO_3)_2$ 的形式存在，形成的 Co_3O_4 的占比过低，而 $Co(NO_3)_2$ 在溶液中反应时会以均相 Co^{2+} 离子参加反应，造成催化活性较强的假象；但是当焙烧温度超过 700℃时，由于热运动加剧，载体和活性组分中的物质相互作用加强，发生原子迁移聚集，在宏观上表现为烧结，影响催化剂的催化活性；当焙烧温度超过 900℃时，这一现象表现的更为明显，使得原子重新发生组合形成新的晶体结构，偏离了具有催化作用的晶型，因此不利于催化剂催化活性的提高。

进一步将载体 SBA-15 通过 Al 负载后负载 Co 制备系列催化剂，其中负载 Al 的过程在室温下进行，而负载 Co 时在不同温度下进行焙烧（图 10-8）。催化实验发现，Al 负载载体负载 Co 的样品在不同焙烧温度下的活性均高于未负载的样品，表明了 Al 负载具有极大的促进作用。当然，对 PMS 活化效率最佳的是催化剂 Al-Co-0℃，降解反应在 20min 内对污染物苯酚的降解便可以达到 98％以上，未焙烧的样品的活化效率明显高于在其他温度下焙烧所得样品，也就是说，没有经过焙烧处理的催化剂样品对氧化剂 PMS 的活化效率要优于焙烧所制样品，这是因为未焙烧的样

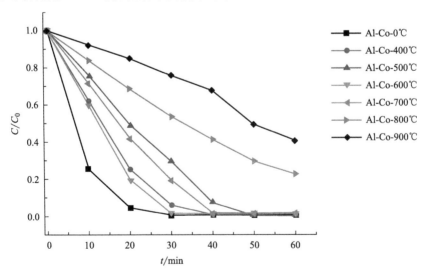

图 10-8 焙烧温度对铝钴共负载催化剂的影响

品在溶液中以 Co^{2+} 形式参与反应，使非均相活化体系转变为均相活化体系，这并不是研究想要的结果，因为这种情况下 Co^{2+} 的溶出大大超出了相关处理出水水质标准，钴的毒性限制了这种不经焙烧制备催化剂的方式。经过焙烧后，最优焙烧温度为 600℃。和未负载样品 Co 基催化剂 Co@SBA-15 催化效率相比较，催化剂 Co/Al@SiO₂ 在反应 30min 的催化效率是其 9.4 倍，进一步表明了复合催化剂内 "Co-Al" 间存在极强的协同作用。

由于 Al 和 Co 之间存在相互作用，而 Co 组分的焙烧实验证实焙烧温度会影响催化活性。虽然 Al 本身形成的 Al_2O_3 并不具有催化活性，但是负载 Al 时焙烧温度是否会对催化活性产生影响需要通过实验来说明。在不同的焙烧温度下负载 Al，然后在 550℃ 条件下负载 Co，考察焙烧 Al 的温度对催化活性的影响（图 10-9）。除 0℃ 之外，焙烧温度越高效果越差，在 900℃ 焙烧制得的样品 Co-Al-900℃ 在反应 60min 时对苯酚的催化去除率仅仅只有 35.3%，这表明对没有催化活性的 Al 的负载也存在一个最佳焙烧温度，温度范围为 400～700℃。当样品焙烧温度超过 900 ℃ 时，Al_2O_3 的晶体状态可能由高活性状态的 γ-Al_2O_3 转变成活性较差的 α-Al_2O_3，Al_2O_3 晶型状态的变化使得复合催化剂对 PMS 的催化能力迅速降低。

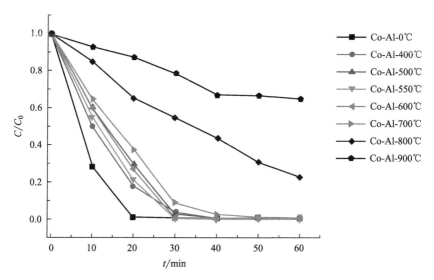

图 10-9　焙烧温度对铝负载催化剂的影响

10.2.6 催化剂浓度对过硫酸盐催化效率的影响

在非均相催化剂活化过硫酸盐降解污染物的反应中，催化剂作为活性物质活化过硫酸盐产生 $SO_4^- \cdot$ 降解污染物，催化剂的浓度会影响 PMS 产生 $SO_4^- \cdot$ 的效率，从而进一步影响污染物的降解效率。随着催化剂浓度的增加，反应进行到 10min 时，污染物的去除率分别为 56.0%、76.5%、95.4% 和 98.5%（图 10-10）。具体而言，当催化剂浓度由 0.03g/L 增加到 0.1g/L 时，污染物完全降解的时间由 30min 缩短到 10min。催化剂的浓度由 0.1g/L 增加到 0.2g/L 时污染物的降解去除率几乎一致，这可能是由于随着催化剂浓度的增大，过多的活性位点可以快速活化 PMS 产生 $SO_4^- \cdot$ 使得污染物在 10min 时已基本上完全降解。

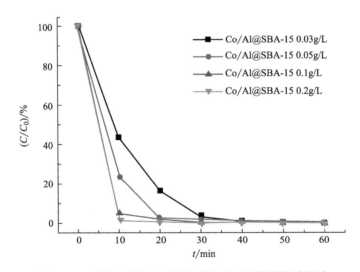

图 10-10　高浓度污染物时催化剂浓度对催化性能的影响

当增大污染物浓度后，反应进行到 20min 时，污染物的降解去除率分别为 60.0%、71.8%、83.6% 和 95.3%（图 10-11）。具体而言，当催化剂浓度由 0.2g/L 增加到 0.5g/L 时，污染物完全降解的时间由 60min 缩短到 30min，由此可知增加催化剂的浓度可以缩短污染物完全降解的时间并增强相同时间内污染物的去除率。污染物氧化降解过程可以分为两个阶段：第一阶段主要是活性组分活化 PMS 产生 $SO_4^- \cdot$；第二阶段主要是 $SO_4^- \cdot$ 氧化降解污染物。随着催化剂浓度的增大，增加与 PMS 作用的活性位点，在污染物氧化降解的第一阶段能够更快的活化 PMS 产生较多的

$SO_4^- \cdot$。在污染物氧化降解的第二阶段，随着 $SO_4^- \cdot$ 数量的增多，反应速率加快，可以快速氧化降解污染物，缩短污染物完全降解的时间。此外，在 PMS 浓度一定的条件下，催化剂的浓度过大，过多的 Co^{2+} 会与 $SO_4^- \cdot$ 反应生成 SO_4^{2-}，从而降低 PMS 的效率，也会增加反应的成本。综合考虑，在降解浓度为 10mg/L 和 100mg/L 的污染物时催化剂的浓度分别选用 0.05g/L 和 0.2g/L，既能保证污染物的降解效果同时也能保持相对合理的成本。

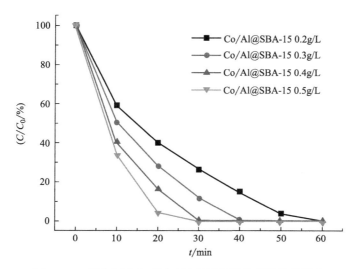

图 10-11　催化剂浓度对过硫酸盐活化催化剂性能的影响

10.2.7　氧化剂浓度对过硫酸盐催化效率的影响

在过一硫酸盐高级氧化反应中，PMS 在活性组分的活化作用下产生 $SO_4^- \cdot$ 降解污染物有机污染物，因此 PMS 的浓度对污染物的降解有重要的影响。随着 PMS 浓度的增大，在反应进行到 20min 时，污染物的去除率分别为 87.9%、96.0%、98.2% 和 98.8%（图 10-12）。具体而言，当 PMS 的浓度由 1mmol/L 增加到 2mmol/L 时，反应 20min 时污染物的降解去除率从 87.93% 提高到 95.99%，污染物完全降解的时间缩短了 10min。而当 PMS 的浓度由 2mmol/L 增加到 10mmol/L 时污染物的降解去除率和完全降解的时间并没有明显的变化。这是因为，PMS 浓度由 1mmol/L 增加到 2mmol/L 时，PMS 作为 $SO_4^- \cdot$ 的来源，增加 PMS 的浓度会产生更多的 $SO_4^- \cdot$ 降解污染物。而 PMS 的浓度由 2mmol/L 增加到

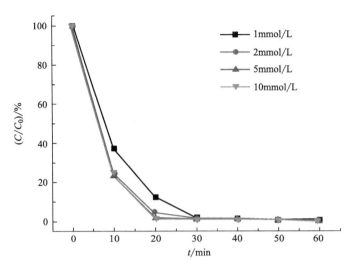

图 10-12 PMS 浓度对过硫酸盐活化催化剂降解的影响

10mmol/L 时，污染物的降解去除率并没有明显的变化，这可能是由于以下原因造成的：

① 在催化剂浓度一定的情况下，催化剂活性位点的数量一定，催化剂活化 PMS 产生 SO_4^-·的能力有限，在 PMS 的浓度为 2mmol/L 时已经达到了活性位点的最大活化能力，再增加 PMS 的浓度不会增加 SO_4^-·的产量。

② 污染物氧化降解过程中产生苯醌等中间产物，中间产物会与过多的 SO_4^-·发生反应。

③ PMS 的浓度过高会产生大量的 SO_4^-·，SO_4^-·自身发生相互反应生成氧化能力较弱的 $S_2O_8^{2-}$，而且过量的 SO_4^-·还会与 HSO_5^- 反应生成氧化能力较弱的 SO_5^-·。从理论上来讲，100mL 的 10mg/L 污染物完全矿化为 CO_2 和 H_2O 时所需 PMS 应为 1.49mmol/L，考虑到反应的完全程度和反应速率，氧化剂应适当过量，因此污染物的浓度分别 10mg/L 和 100mg/L 时 PMS 的浓度为 2mmol/L 和 20mmol/L，既能保证较高的反应速率，也能保持相对合理的成本。

10.2.8 溶液 pH 值对过硫酸盐催化效率的影响

溶液的 pH 值是影响催化剂活化 PMS 产生 SO_4^-·的重要因素，从而影响到污染物的降解效果。当污染物的初始 pH 值分别为 3、5、7、9 和

11 时，在反应进行到 50min 污染物已经基本去除完全。不同 pH 值下污染物的最终降解效果没有明显的差异（图 10-13），这表明过硫酸盐催化反应受 pH 值影响较小。

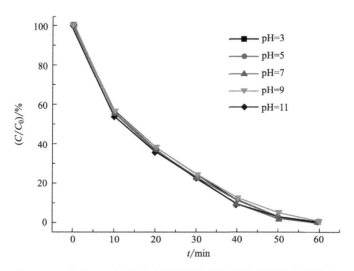

图 10-13　初始 pH 值对过硫酸盐活化催化剂降解污染物的影响

考虑到过硫酸盐 PMS 的化学式为 $KHSO_5 \cdot 0.5KHSO_4 \cdot 0.5K_2SO_4$，可以看出分子本身可能产生强酸从而对溶液的 pH 值产生干扰，因此考察了污染物降解过程中溶液 pH 值的变化。在污染物溶液的初始 pH 值分别为 3、5、7、9 和 11 时，加入 PMS 反应 1min 后溶液的 pH 值分别变为 2.2、2.25、2.23、2.23 和 2.29（图 10-14），表明 PMS 自身较强的酸性确实可以影响溶液的 pH 值。而且，溶液酸性降低以后形成的 pH 值之间没有明显的差别，可能是造成污染物初始 pH 值不同而氧化降解效果几乎相同的原因。

由于催化剂中有 Al 元素的存在，负载的 Al 在焙烧过程中会形成 Al_2O_3，而 Al_2O_3 作为一种两性氧化物，在酸性溶液中可能溶解形成 Al^{3+}，从而影响催化活性，因此有必要对 Al 负载样品和未负载样品在不同的 pH 值反应条件下加以比较，获得催化活性的差异和影响程度。在溶液初始 pH 值分别为 3、5、7、9 和 11 时，未负载 Al 的样品在不同的 pH 值下催化活性各有不同（图 10-15）。具体而言，当溶液的初始 pH 值为 3 时，反应 1h 后污染物的降解去除率仅为 21.4％，pH 值为 5 时反应 1h 污染物的降解去除率为 55％。实验结果表明加入 PMS 后溶液的初始 pH 值

165

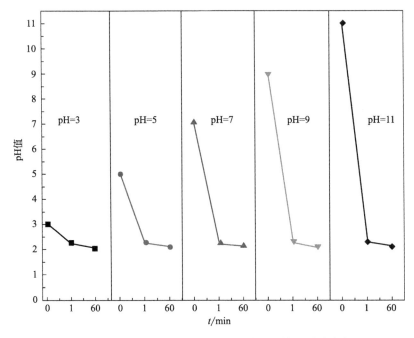

图 10-14　不同初始 pH 值下过硫酸盐催化体系酸度变化

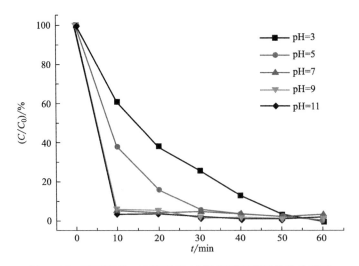

图 10-15　不同初始 pH 值对无 Al 催化剂降解污染物的影响

为 3 和 5 时，Al 的负载能够提高催化剂的活性，而且酸性条件不影响催化活性的发挥。然而溶液初始 pH 值分别 7、9 和 11 时，两种体系对污染物的降解效果一致，Al 的负载未能体现出提高催化活性的作用。

文献报道 PMS 存在另一种活化方式-碱活化，因此在 pH 值影响实验中初始 pH 值为中性或碱性条件下，加入的调节 pH 值用的 NaOH 可能产生碱活化作用，因此才使得在初始 pH 值分别 7、9 和 11 时污染物均取得极高的去除率。为了验证这一机制，通过加入 NaOH 调节溶液的 pH 值分别为 7、9 和 11，反应不再加入催化剂，结果发现在反应 10min 时污染物已基本降解完全（图 10-16）。这一结果不但证明了碱活化过程的存在，同时说明 pH 值分别为 7、9 和 11 时，调节 pH 值所用 NaOH 促进了活化过程。更重要的是，这一结果说明在催化降解实验中调节溶液时，采用先加入 PMS 后用 NaOH 调节 pH 值的方式可能起到了活化 PMS 的作用，催化剂真实的去除效率产生了偏差。

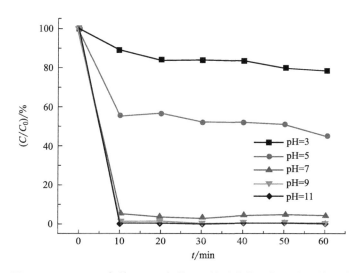

图 10-16　无 PMS 条件下不同初始 pH 值对催化降解污染物的影响

10.2.9　无机盐对过硫酸盐催化效率的影响

在污染物的降解过程中，由于无机离子和污染物与自由基的反应存在竞争关系而受到关注，因此本实验研究了不同 NaCl 浓度对污染物降解的影响。NaCl 浓度从 20mmol/L 增加到 100mmol/L 时，污染物的降解速率逐渐增加（图 10-17）。具体而言，未添加 NaCl 时，反应 1h 后仅有 75% 的污染物降解；而当 NaCl 的浓度为 20mmol/L 时反应 40min 后 98% 的污染物被降解；当 NaCl 的浓度增加到 100mmol/L 时，反应 10min 即有 93.7% 的污染物被降解。以上结果表明在 NaCl 浓度为 20～100mmol/L

时，增加 NaCl 的浓度对污染物的降解具有明显的促进作用。这一结果与文献报道有所不同，有研究认为 Cl⁻ 作为 SO_4^- · 的清除剂容易与 SO_4^- · 反应生成较低氧化还原电位的 ·Cl，因此 Cl⁻ 的存在会抑制溶液中污染物的降解。而本研究是增强的，这可能是由于溶液中的 Cl⁻ 和 PMS 发生了生成 HClO、Cl_2 的反应，形成的 HClO 和 Cl_2 具有强氧化性，也能够降解污染物，因此在 NaCl 后体系形成的 SO_4^- · 和 HClO、Cl_2 双重作用提高了污染物的降解。

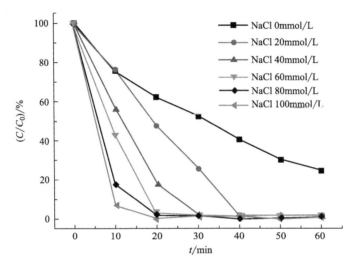

图 10-17 初始 NaCl 浓度对污染物降解的影响

10.2.10 负载型金属催化剂在过硫酸盐活化中的作用机制

为了探明在 Co_3O_4/Al_2O_3@SBA-15/PMS 体系中起主要作用的活性物种，进行了自由基捕获实验。由于甲醇能够同时捕获 SO_4^- · 和 ·OH，而叔丁醇（TBA）对 ·OH 捕获能力较强而对 SO_4^- · 捕获能力较弱，因此分别采用甲醇和叔丁醇能够确认反应中存在的具体自由基。在没有加入任何自由基捕获剂时反应 1h 后污染物的降解去除率为 99.12%，加入甲醇后反应 1h 污染物降解去除率为 60.48%，降解去除率减少了 38.64%（图 10-18）。加入 TBA 反应 1h 后污染物的降解去除率为 69.92%，降解去除率减少了 29.2%，仅比加入甲醇提高了 9.44%。这是由于甲醇相对于 TBA 对 SO_4^- · 的捕获能力较强，减少了与污染物反应的 SO_4^- · 的量。以

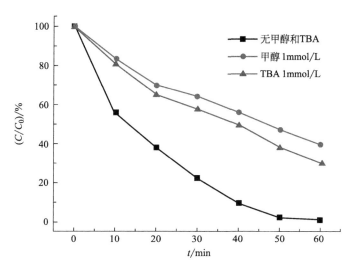

图 10-18 自由基捕获实验

上实验结果表明在体系氧化降解污染物过程中 $SO_4^- \cdot$ 是主要的活性自由基，同时在溶液中也存在部分 $\cdot OH$。

在本研究中，通过负载元素对催化活性的影响实验发现 Co 单独负载在 SBA-15 上时催化剂的催化活性远远小于相同 Co 含量负载在 Al_2O_3@SBA-15 上，且在一定范围内催化剂的催化活性随着 Al 含量的增加而增加。这个结果可以从金属的电负性角度理解，由于 Al 的电负性小于 Co，在 Co/Al（1.5）@SBA-15 中 Al 充当了电子供体形成了富电子中心的 Co 和缺电子中心的 Al，PMS 作为一种亲电子试剂更容易与具有较高电子密度的金属结合，增强了催化剂对 PMS 的吸附有利于 $SO_4^- \cdot$ 的产生。同时，在 Co 基催化剂中 Co^{2+} 和 Co^{3+} 活化 PMS 分别产生高氧化性 $SO_4^- \cdot$ 和弱氧化性的 $SO_5^- \cdot$，Co^{2+} 的再生属于限速步骤，Al 的掺杂形成了富电子中心的 Co 有利于 Co^{3+} 转化为 Co^{2+}，从而促进了 $SO_4^- \cdot$ 的产生。在 SBA-15 上负载金属组分时，活性组分具有较高的表面能很容易发生团聚引起催化活性的降低，而负载 Al 形成的 Al_2O_3 氧化膜能够有效地避免金属氧化物的聚集，提高其分散性，从而提高了催化剂的活性。综上所述，催化剂中 Al 的负载起到了双重作用，一方面 Al 提高了金属氧化物颗粒的分散性，另一方面由于 Al 和 Co 电负性的差距，Al 作为电子供体形成了富电子中心的 Co，促进了 $SO_4^- \cdot$ 的产生。

参考文献

[1] Zeng T，Zhang X，Wang S，et al. Spatial confinement of a Co_3O_4 catalyst in hollow metal - organic frameworks as a nanoreactor for improved degradation of organic pollutants [J]. Environmental Science & Technology，2015，49（4）：2350-2357.

[2] Zhang L，Yang X，Han E，et al. Reduced graphene oxide wrapped Fe_3O_4-Co_3O_4 yolk-shell nanostructures for advanced catalytic oxidation based on sulfate radicals [J]. Applied Surface Science，2017，396：945-954.

[3] Rodr Guez-narvaez O M，Rajapaksha R D，Ranasinghe M I，et al. Peroxymonosulfate decomposition by homogeneous and heterogeneous Co：Kinetics and application for the degradation of acetaminophen [J]. Journal of Environmental Sciences，2020，93：30-40.

[4] Zhang W，Chi Z X，Mao W X，et al. One-nanometer-precision control of Al_2O_3 nanoshells through a solution-based synthesis route [J]. Angewandte Chemie International Edition，2014，53（47）：12776-12780.

[5] Khan M A N，Klu P K，Wang C，et al. Metal-organic framework-derived hollow Co_3O_4/carbon as efficient catalyst for peroxymonosulfate activation [J]. Chemical Engineering Journal，2019，363：234-246.

[6] Di luca C，Massa P，Fenoglio R，et al. Improved Fe_2O_3/Al_2O_3 as heterogeneous Fenton catalysts for the oxidation of phenol solutions in a continuous reactor [J]. Journal of Chemical Technology and Biotechnology，2014，89（8）：1121-1128.

[7] Jiang M，Tuo Y，Cai M. Immobilization of copper（Ⅱ）on mesoporous MCM-41：a highly efficient and recyclable catalyst for tandem oxidative annulation of amidines and methylarenes [J]. Journal of Porous Materials，2020，27（4）：1039-1049.

[8] Xian G，Zhang G，Chang H，et al. Heterogeneous activation of persulfate by Co_3O_4-CeO_2 catalyst for diclofenac removal [J]. Journal of Environmental Management，2019，234：265-272.

[9] Xu H，Zhang Y，Li J，et al. Heterogeneous activation of peroxymonosulfate by a biochar-supported Co_3O_4 composite for efficient degradation of chloramphenicols [J]. Environmental Pollution，2020，257：113610.

[10] Hu L，Zhang G，Wang Q，et al. Facile synthesis of novel Co_3O_4-Bi_2O_3 catalysts and their catalytic activity on bisphenol A by peroxymonosulfate activation [J]. Chemical Engineering Journal，2017，326：1095-1104.

[11] Akti F. Effect of kaolin on aluminum loading success in synthesis of Al-SBA-15 catalysts：Activity test in ethanol dehydration reaction [J]. Microporous and Mesoporous Materials，2020，294：109894.

[12] Wang C，Jia S，Zhang Y，et al. Catalytic reactivity of Co_3O_4 with different facets in the hydrogen abstraction of phenol by persulfate [J]. Applied Catalysis B-Environmental，2020，

270：118819.

[13] Cecilia J a，GARCIASANCHO C，MERIDAROBLES J，et al. Aluminum doped mesoporous silica SBA-15 for glycerol dehydration to value-added chemicals [J]. Journal of Sol-Gel Science and Technology，2017，83（2）：342-354.

[14] Xia M，Long M，Yang Y，et al. A highly active bimetallic oxides catalyst supported on Al-containing MCM-41 for Fenton oxidation of phenol solution [J]. Applied Catalysis B：Environmental，2011，110：118-125.

第11章

负载型金属催化剂的失活及再生

11.1 负载型金属催化剂的失活

11.1.1 催化剂的失活

催化剂是催化反应的核心，催化剂失活导致的催化剂更换和生产停滞对工业生产的影响极大，造成反应成本急剧上升。催化剂失活的时间尺度差异很大，例如在裂化反应中催化剂可能在几秒内失效，而在氨合成中铁催化剂的使用寿命可能为 5～10 年，但是所有催化剂不可避免地会发生失活。

通常，在一个控制良好的过程中催化剂失活会缓慢发生，但是反应条件波动或硬件设计不当会导致灾难性故障。例如，在甲烷或石脑油的蒸气重整中，必须格外小心，以免反应器在过高的温度下或在蒸汽/烃比低于临界值的条件下运行。实际上，这些条件可导致形成大量的碳丝，这些碳丝会堵塞催化剂的孔隙和空隙，造成催化剂完全失效，并在数小时内终止反应。

尽管在大多数过程中催化剂失活是不可避免的，但通过采取合理的处理措施可以避免、延缓甚至逆转催化剂失活带来的直接的、剧烈的后果。因此，理解和处理催化剂的失活问题至关重要。

11.1.2 负载型金属催化剂失活机制

负载金属催化剂的失活可以是物理的也可以是化学的，但通常可以将其分为中毒、烧结、结垢及机械磨损等类型。中毒是化学失活过程，其中物质不可逆地沉积在催化剂的活性位点上，属于不可逆的化学吸附。一旦催化剂发生中毒，更换催化剂过程非常麻烦，因此极大增加生产成本。例如，在二氧化碳甲烷化过程中发生的失活过程包含碳沉积、氯化合物、焦油、氨、硫化合物或碱气体杂质中毒，尤其是对硫化物敏感，即使使用脱硫系统使硫化合物浓度控制在 ppm 级浓度下，贵金属催化剂和非贵金属催化剂均会失去活性。

非均相催化剂的失活有很多途径。例如，催化剂固体可能被进料中存在的污染物中的任何一种中毒，其表面、孔和空隙可能会因碳氢化合物或烃类反应物、中间体或产物产生的焦炭而结垢。在电厂烟气的处理中，催化剂可以被粉煤灰除尘或侵蚀或被粉煤灰堵塞。用于减少汽油或柴油发动机排放的催化转化器可能会因燃料不纯净而中毒或结垢。另外，进料气中副反应的存在可导致催化剂的失活。同时，机械搅拌和传输过程可能使催化剂产生磨损，活性组分发生改变或流失，从而使得催化活性下降。

（1）中毒

中毒是反应物、产物或杂质在原本可用于催化的位点上的强烈化学吸附。也就是说，一个物种是否充当毒物取决于其相对于竞争催化位点的其他物种的吸附强度。例如，氧可以是在银催化剂上实现乙烯部分氧化成环氧乙烷的反应物，也可以是乙烯在镍上氢化的毒物。除了物理阻断吸附位点，吸附毒物可诱导的表面的电子或几何结构的变化也会引起中毒。需要注意，有些中毒是可逆的，而有些是不可逆的。例如进料中的氮化合物使催化裂化反应中的催化剂中酸性位失活，从原料中除去氮源后数小时至数天即可消除中毒反应，这种中毒过程是可逆的。在费托催化剂的合成气中添加氮化合物（例如氨和氰化物）时也观察到了类似的效果，尽管这些催化剂需要数周至数月才能恢复失去的活性。但是，大多数毒物不可逆地化学吸附到催化表面部位。不管中毒是可逆的还是不可逆的，毒物吸附在表面上时的失活效果都是相同的。

在催化反应过程中进料流中可能含有许多有毒物质。例如，原油包含硫和金属（例如钒和镍），这些金属在许多炼油厂过程中起催化剂毒物的作用，尤其是那些使用贵金属催化剂（例如催化重整）的过程，以及用于处理其中硫黄含量较高的烃馏分。煤中含有许多潜在的毒物，其中又包括硫和砷、磷、硒等其他通常集中在灰烬中的毒物，可以使催化剂中毒。毒物可能影响催化活性的机制是多种多样的。首先，强烈吸附的致毒物质分子或原子会物理阻塞金属表面上的一个或多个反应位点。其次，凭借其强大的化学键，它可以通过电子修饰最近的相邻金属原子，从而改变其吸附和离解反应物分子的能力。第三，吸附的毒物对催化剂表面的重组，可能引起催化性能的巨大变化，特别是对于对表面结构敏感的反应。另外，吸附的毒物阻止了吸附的反应物彼此之间的交换，并最终抑制了吸附的反应物在催化剂表面的扩散。

催化剂毒物可根据其化学组成，对活性位点的选择性以及中毒的反应类型进行分类。金属被不同硫物种中毒的毒性顺序为 $H_2S > SO_2 > SO_4^{2-}$。毒性也随着原子或分子大小和电负性的增加而增加，但如果毒物可以被反应物流中存在的 O_2、H_2O 或 H_2 气化，则毒性会降低。例如，吸附的碳可以通过 O_2 氧化成 CO 或 CO_2 或通过 H_2 气化成 CH_4。此外，有机碱（例如胺）和氨是酸性固体的常见毒物，例如在裂解和加氢裂化反应中的二氧化硅、氧化铝和沸石，而含硫和砷的化合物是金属在加氢、脱氢中的典型毒物。金属化合物如 Ni、Pb、V 和 Zn 的金属化合物在汽车尾气排放控制、催化裂化和加氢处理中是有毒物质。

由于硫中毒在许多重要的催化过程例如加氢、甲烷化、费托合成、蒸汽重整和燃料电池发电中是一个待解的难题，因此下面将硫中毒作为催化剂中毒现象进行单独讨论。通过在氢化和 CO 加氢的研究可知，H_2S 是主要硫黄毒物。由于硫在金属上的吸附非常强，并阻止或改变了反应物分子的进一步吸附，因此在这些反应中，硫在催化剂表面的存在通常会导致催化剂活性完全丧失，在 $(15\sim100) \times 10^{-9} ng/L$ 的 H_2S 下，Ni、CoFe 和 Ru 的活性均损失 3～4 个数量级，可见这些反应对硫耐受性极低。实际上，可以通过添加选择性吸附硫的催化剂如 Mo 和 B 来显著提高 Ni、Co 和 Fe 的耐硫性。

虽然硫中毒可能会抑制反应的进行，然而在一些工业过程中，有意使催化剂中毒以提高其选择性。例如，含铂的石脑油重整催化剂通常被预硫化以降低裂化反应发生的可能。将 S 和 P 添加到 Ni 催化剂中以改善油脂加氢工业中的异构化选择性，同时在蒸汽重整中将 S 和 Cu 添加到 Ni 催化剂中减少焦化。在催化重整中，将硫化的 Re 或 Sn 添加到 Pt 中，以增强链烷烃脱氢为烯烃的能力。

（2）烧结和熔融

烧结是催化剂活性组分上一种或多种金属或氧化物在加热到一定温度后开始收缩，在低于熔点温度下变成致密、坚硬的烧结体。从微观上讲，这是由于高温下固态组分中的分子或原子热运动加剧，相互吸引、迁移，甚至重新组合，使粉末体产生颗粒黏结的过程。显而易见，烧结会造成催化剂的活性表面积的损失，这是由于沉积在催化剂载体上的金属的团聚而造成。

熔融是指温度升高时分子的热运动的动能增大，导致结晶破坏，物质由晶相变为液相，金属组分形成合金或固溶体。烧结和熔融的主要区别在于反应温度，相对来说熔融的温度要高于烧结。不管是熔融还是烧结，都不利于活性组分的形成和活性表面积的稳定。因此，在制备负载型金属催化剂过程中，反应温度只要能保证形成合适的活性组分即可。

（3）结垢、焦化和碳沉积

结垢是物质从液相到催化剂表面的物理沉积，由于活性位点和孔的堵塞而导致活性下降。在其晚期阶段，它可能导致催化剂颗粒崩解和反应器空隙堵塞。比如在多孔催化剂中的沉积碳，尽管形成碳和焦炭的过程还涉及化学吸附。碳通常是 CO 歧化的产物，而焦炭则是通过烃在催化剂表面的分解或缩合产生的，并且通常由聚合的重烃组成。不过，取决于形成和老化焦炭的条件，焦炭的形式可以从高分子量的烃类物质到以碳为主的物质比如石墨。结垢类型的催化剂失活是可逆的，处理之后可以恢复催化剂活性。

催化过程中形成的焦炭或碳的化学结构随反应类型、催化剂类型和反应条件而变化。在对焦油敏感的反应中，未反应的焦炭沉积在活性位点上，导致活性下降，而在对焦炭不敏感的反应中，在活性位点上形成的相对反应性焦炭前体很容易被氢气除去。焦炭敏感反应的过程包括催化裂化和氢解，而费托合成、催化重整和甲醇合成对焦炭不敏感。

碳可能强烈地化学吸附成单层或物理地吸附在多层中，在这两种情况下都能阻止反应物进入金属表面部位甚至完全包裹金属颗粒，从而使该颗粒完全失活，或者堵塞催化剂孔道，使得反应物无法进入这些孔中。在极端情况下，孔隙中的碳积聚到一定程度可以使载体材料受力和断裂，最终导致催化剂颗粒崩解和反应器空隙堵塞。例如，在甲烷重整催化剂中，通常是用碱土金属氧化物将镍负载在氧化铝上，碳可以扩散并从镍颗粒的背面开始生长，特别是在高反应温度和低水蒸气与甲烷之比的情况下，将镍颗粒推离载体表面，从而永久地使催化剂失活。

应强调的是，某些形式的碳会导致催化活性降低，而某些形式不会。例如，在低反应温度（＜300～375℃）时，聚合物会冷凝，而在高温

（＞650℃）时，石墨碳膜会包裹催化剂的金属表面。因此，有时在烃类化合物的 CO 氢化或蒸气重整中形成的碳并不一定会导致催化剂活性的损失，除非它们的形成量足以引起孔的堵塞或由于碳纤维的存在而导致金属的损失。实际上，必须小心地避免反应器中可能形成碳的区域，因为一旦开始碳的形成速率就足够高，以致在几小时至几天内造成严重性的孔堵塞和催化剂失效。

总而言之，由于化学吸附或碳化物的形成，碳或焦炭可能会在化学上使负载的金属失活，或者由于表面位点的阻塞，金属微晶的包封、孔的堵塞和积碳破坏催化剂颗粒而使催化剂失活。在涉及烃的反应中，焦炭可能在气相中以及在催化剂表面上形成。然而，涉及氧化物和硫化物反应的焦炭主要是通过裂化酸位点（通常为烯烃或芳族化合物），在酸性位点上形成的碳正离子中间体的脱氢和环化反应会导致芳族化合物，进一步与高分子量的多核芳族化合物发生反应，这些芳族化合物会凝结成焦炭。

应当强调的是，对于和分子直径相当的孔，相对少量的焦炭就会导致活性的严重损失。焦炭形成在催化剂颗粒的内部孔中或沿催化剂边缘变化很大，这取决于主要反应和失活反应受孔道扩散性影响的程度。例如，顺式丁烯在 SiO_2/Al_2O_3 上的异构化催化剂的失活是由强酸部位的快速、选择性中毒引起的。但是，由于 SiO_2/Al_2O_3 包含相对较大的介孔，因此活性位点的封闭不会显著影响孔隙率或催化剂表面积。

对于负载型金属催化剂，在金属和酸性氧化物载体上会形成不同种类的焦炭，例如，在催化重整反应中使用的氧化铝载体上，Pt 或 Pt-Re 金属上形成软焦炭（高 H/C 比）和硬焦炭（低 H/C 比）。焦炭前体分子可通过氢解作用在金属上形成，然后迁移到载体上并进行聚合和环化反应，此后较大的分子在金属上脱氢并最终在载体上积聚，导致催化剂结构改变。

（4）机械磨损

催化剂的机械磨损形式包括在固定床中的负载而破碎成颗粒状、在流化床或浆床中催化剂的尺寸减小产生细粉、以高流体速度腐蚀催化剂颗粒或整体涂层。在光学或电子显微镜下甚至肉眼就可观察到颗粒尺寸的减小或催化剂颗粒的变圆或变光滑，可以看出磨损。通过用光学或电子显微镜扫描蜂窝状通道的横截面能观察到催化剂表面活性层的损失。

催化剂容易发生机械磨损在很大程度上由于其形成方式决定。也就是说，催化剂颗粒、球体、挤出物和颗粒的直径通常在 $50\mu m$ 到几毫米之间，这通常是通过沉淀将初级颗粒聚集体团聚而制备的，形成凝胶，然后喷雾干燥、挤出或压实，这样形成的催化剂通常具有比形成它们的初级颗粒和颗粒聚集体低得多的强度。

催化剂团聚体的机械破坏涉及两个主要机制，即团聚体破碎成较小团聚体、初级颗粒团聚体的表面被侵蚀（或磨损）；其中腐蚀是由机械应力引起的，但断裂可能是由于机械、热或化学作用引起。导致流化床或浆床破裂或腐蚀的机械应力包括：粒子彼此碰撞或与反应器壁碰撞，或者在高速流动时由湍流或气泡破裂（空化）产生的剪切力；当催化剂颗粒被快速加热或冷却时，会产生热应力。它们通过颗粒之间的温度梯度以及两种不同材料界面处的热膨胀系数差异而被放大，在后一种情况下加热或冷却过程可能导致催化剂活性表面破裂和分离；当通过化学反应在催化剂颗粒内形成不同密度的物相时会发生化学应力。

11.2　负载型金属催化剂的保护

与完全避免催化剂失活相比，采取防护措施降低催化剂失活速率更容易。可以使用防护床、洗涤塔或过滤器从原料中去除毒物和污垢，通过控制工艺条件例如降低温度以降低烧结速率或向进料中添加蒸汽、氧气或氢气以气化碳或焦炭在制备催化剂时。通过选择合适的载体材料或催化剂颗粒形成方法，可以将机械磨损降到最低。

11.2.1　预防中毒

中毒通常是由于进料中的杂质强烈吸附所致，并且由于中毒的催化剂通常很难或不可能再生，因此最好通过从进料中去除杂质达到将催化剂以其最佳寿命运行的水平来预防。例如，使用约200℃的多孔ZnO保护床将费托工艺中硫化合物进料浓度降低到$<1\times10^{-7}$mg/L，以确保1～2年的催化剂寿命。在裂化或加氢裂化反应中，从进料中去除强碱性化合物如氨、胺和吡啶，比如其中的氨可以通过水洗除去。金属杂质对催化剂的中毒可以通过选择性的使非反应金属中毒来缓解。例如，在含镍石油原料的催化裂化中，原本会产生大量焦炭的镍位可能被锑选择性地中毒。镍和钒金属对加氢处理催化剂的毒害作用可通过使用廉价的钼催化剂保护床或分级催化剂床通过在金属之前沉积焦炭，可在底部处理沉积碳。

11.2.2　防止烧结

对于负载型金属催化剂，活性组分以固有不稳定的小颗粒形式存在于催化剂上。催化剂将由于这些颗粒的生长而缓慢失去活性（归因于表面能的减少和表面积的损失）。烧结的机制有两种：原子可能会从一个粒子上脱落并移动到另一个粒子上，或者微晶可能沿着载体表面移动并聚结。烧结取决于金属的性质、载体、金属与载体相互作用的强度、存在的气体以及温度、压力和时间。催化剂的烧结是不可逆的，当在高温下长时间使用时，负载的金属催化剂可能会发生烧结，从而导致颗粒生长和晶粒尺寸分布的变化。因此原子迁移和粒子迁移是造成烧结的主要机制。

由于大多数烧结过程是完全不可逆或难以逆转，因此选择避免烧结的反应条件非常重要。金属生长是一个高度活化的过程，选择低于金属熔点0.3～0.5倍的反应温度可以极大地降低金属烧结速率。当然，降低反应温度的应该使活性催化相的活性和表面积最大化。

尽管温度是烧结过程中最重要的变量，但反应气氛的差异也会影响烧结速度。尤其是水蒸气，加速了氧化物载体的结晶和结构改性。因此，应使包含高表面积载体的催化剂在高温反应中的水蒸气浓度最小化。

除了降低温度和减少水蒸气，还可以通过在催化剂中添加热稳定剂来降低烧结速率。例如，将较高熔点的贵金属（例如铑或钌）添加到其他金属（例如镍）中会增加金属的热稳定性。添加钡、锌、铼、锶和锰氧化物促进剂可改善氧化铝的热稳定性。这些添加剂会影响产品的选择性，但通常会对所需的产品产生积极影响，并且会延长催化剂的生产寿命。

11.2.3　增强机械性能

就催化剂的设计而言，重要的是选择具有高硬度和韧性的载体。负载型催化剂制备常用的载体二氧化硅、氧化铝、二氧化钛等都具有相当的硬度，即使如此，在实际使用中仍会通过机械磨损产生损失。因此，即使部分载体能够产生较高的催化活性，如果硬度和韧性不够也必须考虑选择更耐磨的载体。

相当的负载型催化剂都是通过后负载的方式在载体上结合活性组分，由于活性组分与载体性质迥异，相互作用力不明，很容易在使用的过程中相互分离，因此需要使用有利于颗粒和表面活性层牢固结合的制备方法。

同时，在制备过程中应最大程度地减少导致颗粒破裂或活性层分离的高湍流剪切或空化现象。

11.3　负载型金属催化剂的再生

催化剂再生的能力取决于失活过程的可逆性，通过用氢气、水或氧气氧化形成的碳和焦炭，这个过程是可逆的。烧结通常是不可逆的，即使将体系中的金属的再分散也难以恢复至原状。某些毒物或污物可通过化学洗涤、机械处理、热处理、氧化来选择性地去除。在某些情况下，对于多组分、多相共存的催化剂，如果不将催化剂破坏则无法除去其他成分。

对催化剂进行再生还是丢弃很大程度上取决于失活速率。如果失活非常迅速，重复使用或再生在经济上是必要的。当无法再生的时候，催化剂中的贵金属则需要回收。含有非贵金属的催化剂，即使无法再生也不能丢弃，必须经过严格处理。因此，丢弃的选择取决于经济和环保因素的组合。事实上，由于垃圾填埋空间的日益紧缺和环保法规的日益完善，丢弃催化剂是不可能的，而处理过程成本高昂，因此对催化剂进行再生或回收是大势所趋。

11.3.1　清洗

在催化反应过程中，反应中间产物或者最终生成物都可能积聚在催化剂表面，堵塞活性位点。在高级氧化反应中，由于自由基的无选择性，产物比较复杂，主要包括未转化的反应物、反应物的短链断裂产物、开环产物、小分子酸等，这些产物均可溶于水或者有机溶剂。因此，可以用超纯水、甲醇、丙酮等物质对失活催化剂进行再生。

在清洗的过程中需要根据产物的特性和催化剂活性成分选择合适的洗液。以金属氧化物为活性组分的催化剂不适宜用超纯水清洗，活性组分遇到水溶液可能发生溶解、水解、溶出等造成活性组分流失。对于涉及还原性物质的活性组分也不适宜用水冲洗，因为清洗之后的干燥过程可能的加热使得组分物相发生改变。

清洗后的样品需要干燥，水或有机溶剂的残留会堵塞孔道，在反应时甚至参与反应，必要的时候需要对清洗干燥后的样品进行成分检查，确保活性组分没有因清洗发生改变。

11.3.2 焙烧

碳沉积或焦化形成的焦炭难以通过清洗的方法除去，可以用 O_2、H_2O、CO_2 和 H_2 在高温下气化除去碳沉积物。气化碳沉积物所需的温度随气体的类型、碳或焦炭的结构和反应性以及催化剂的活性而变化。在 400℃ 的温度下用可以用 H_2 或 H_2O 去除金属催化的焦炭。但是，当焦炭中含有石墨，气化温度可能高达 700～900℃，这会导致催化剂烧结。在中等温度（例如 400～600℃）下，用氧气催化去除碳非常快，因此在催化裂化、加氢处理和催化重整等工业过程中通常会用空气再生碳或焦炭失活的催化剂。

空气再生的关键问题之一是避免过热，因为这可能会使催化剂进一步失活。除此之外，再生过程中气体的浓度也需要严格控制。再生过程通常最初供给低浓度的空气，并逐渐增加氧气浓度来增加碳转化。如果氧气浓度过高，需要稀释后再进行再生，实验室研究中可以使用氮气作为稀释剂，而在工业中则经常使用蒸汽作为稀释剂。对于硫中毒的催化剂，特别是非贵金属催化剂，在空气或氧气中的再生难以成功。例如，在蒸汽和空气中处理失活的镍催化剂会形成硫酸盐，硫酸盐随后在与氢气接触后还原成硫化镍。从理论上来讲，在低氧气压力下，硫氧化为 SO_2 的速度要比氧化镍的形成更快，这似乎表明在精心控制的氧气氛下可以进行再生，在非常低的氧分压下可以将硫以 SO_2 的形式除去。然而，在大气压下难以实现非常低的氧分压，硫原子在反应过程中扩散到镍表面，使得再生过程难以实现。使用氢再生硫中毒的镍催化剂也不可行，因为硫的吸附在高温下速率也很高，并且由于形成 H_2S 的速度比较缓慢，通过 H_2 去除硫的速度非常慢。相比而言，尽管经常伴随着烧结，贵金属发生硫中毒采用空气再生更容易实现。

11.4 案例分析

11.4.1 案例 1：负载型金属催化剂失活

依靠铁单一组分很难取得在 pH 值为中性条件下具有高活性的催化剂，活性 Al_2O_3 中 Al 作为第二金属以路易斯酸的形式吸引 Fe_2O_3 上的电子密度，从而使 Fe(Ⅲ) 能够迅速还原到 Fe(Ⅱ)，加速铁循环，从而加速芬顿催化反应。除此之外，多个研究表明，Cu 不但属于类芬顿金属，而且具有强的路易斯酸特性，在 pH 值为中性条件下产生氧化性物种的能力最强。由此可见，用 Al_2O_3 对 SBA-15 表面进行修饰，然后负载 Fe 和 Cu，可以拓展催化剂 pH 值适用范围。

通过浸渍-焙烧法制得 AlFeCu-SBA-15 催化剂，正常焙烧温度为 450℃，焙烧后金属前体铁的硝酸盐和铜的硝酸盐在高温下分解后形成铁的氧化物和铜的氧化物，这些活性组分可以通过 XPS 表征测定（图 11-1），

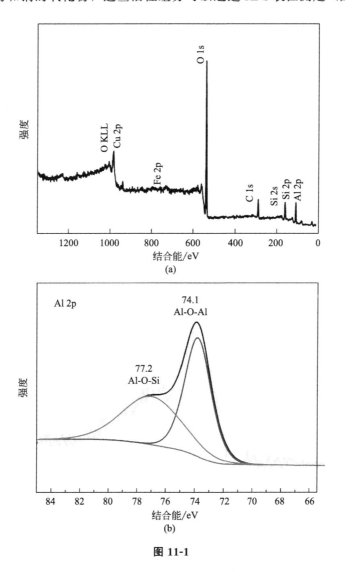

图 11-1

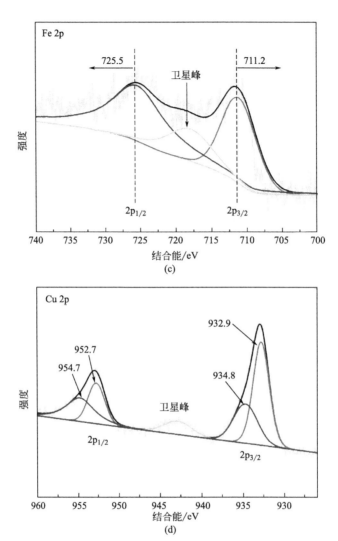

图 11-1　正常样品的 XPS 全谱和 Al、Fe、Cu 的分谱

结果表明金属 Al、Fe 和 Cu 成功负载到载体上，其中 Al 以 Al_2O_3 形式存在，Fe 以 Fe_2O_3 形式存在，Cu 以 CuO 和 Cu_2O 形式存在。

对正常样品进行 XRD 表征，结果发现催化剂的谱图和原始 SBA-15 的谱图非常相似，在图上 22°附近有一个很宽的衍射峰（图 11-2），这是载体上无定形硅典型的特征峰。除此之外，没有其他明显的金属活性组分的衍射峰，这表明金属活性组分以无定形态和非常小的纳米晶形式存在，而这种高分散的状态正是来自 Al 的贡献。在制备催化剂的时候，随着焙烧温度升高，发现金属活性组分在 900℃高温下会烧结成块，对其进行 XRD

表征后发现晶相发生了改变。与样品在450℃条件下焙烧相比，出现了许多新的峰，经过分析归属于 $FeAl_2O_4$（JCPDS 86-2320）、Al_2CuO_4（JCPDS 76-2295）和 $Al_2(SiO_4)O$（JCPDS 79-1339）。表征结果表明在过高的焙烧温度下金属原子热运动加剧，原来的高分散物相被破坏，原子发生迁移和重新组合，形成许多新的多金属化合物，从而丧失催化活性。

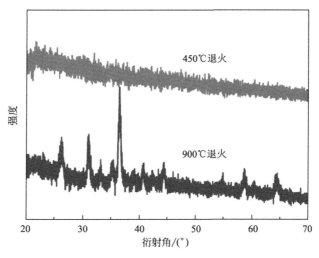

图 11-2　失活样品的 XRD 图谱

11.4.2　案例 2：负载型金属催化剂再生

在原位产生 H_2O_2 研究中，负载在介孔载体 SBA-15 上的 FePd 催化剂具有优异的效果，其中活性组分 Pd、PdO 和 Fe_2O_3 之间的协同作用扮演了重要角色。催化剂活性组分中的零价 Pd 能够原位产生 H_2O_2，Fe 单独负载并不具有产生 H_2O_2 的功能，Pd 可以协助 Fe 使自身产生 H_2O_2 的分解为·OH。通过对最佳催化剂 FePd-SBA 的化学组成进行分析，证实了零价 Pd 占大部分，PdO 占少部分。

经过多次重复使用后，催化剂产生 H_2O_2 的性能逐渐下降，溶液中可检测到的 H_2O_2 浓度越来越低，而且通过原位产生 H_2O_2 对污染物的降解研究也表明催化剂在多次使用后发生了失活。根据失活机理，可以判断催化剂失活可能由反应过程中生成的中间有机物积累引起，这些有机物不但能够占据活性位点，减少了可参与反应的位点的数量，同时阻碍了反应物比如 O_2 扩散进入孔道，延迟了 H_2O_2 的及时排出孔道，导致中间有机物

与 H_2O_2 反应继续消耗 H_2O_2。通过用超纯水对使用过的催化剂进行清洗再生,然后干燥重新用于催化实验,发现催化剂活性有所回升,然而并没有达到新制催化剂的水平。

通过对失活催化剂进行仪器表征,发现催化剂的活性组分的化学组成发生了变化,其中零价 Pd 含量下降,而 PdO 含量上升,这表明催化过程中发生了各化学组成的转化,部分零价 Pd 转化为了 PdO。根据研究,正常制备所得催化剂中 Pd 具有两种状态,即零价 Pd 和 PdO;其中 PdO 具有极强的吸附作用,在没有氧化剂的作用下催化剂单纯吸附作用对染料的去除就可达到 50% 左右,吸附速度快,吸附量高,因此更高比例的 PdO 含量的样品是不适宜用于催化反应的,因为迅速吸附的大量反应物会堵塞反应位点,反而造成催化活性下降。

显而易见,要使得催化剂的活性完全恢复,必须要降低 PdO 含量而提高零价 Pd 含量。将使用过的催化剂用超纯水清洗干净后真空干燥;然后在管式炉中 H_2 气氛下焙烧再生,经过焙烧的催化剂再次投入催化反应,发现催化活性基本得到了恢复,这表明还原过程对于再生是有效的。

参考文献

[1] Argyle M,Bartholomew C H. Heterogeneous catalyst deactivation and regeneration:A Review [J]. Catalysts,2015,5 (1):145-269.

[2] 韩家军,李宁,张天云,等. AFC 催化剂中毒原因及预防办法的研究现状 [J]. 电池,2006,4):73-74.

[3] 韩雪松,孟创新. FCC 装置催化剂失活原因分析及活化研究 [J]. 工业催化,2016,9:60-64.

[4] 霍莉,季学勤. SCR 脱硝催化剂的失活与再生 [J]. 化学工程与装备,2016,6:38-39.

[5] 吴济民,杨炎锋,陈聚良. 苯部分加氢催化剂失活原因的研究 [J]. 化工进展,2003,22 (3):295-297.

[6] 刘忠生,陈玉香,林大泉,等. 催化燃烧处理有机废气及催化剂中毒的防止 [J]. 化工环保,2000,20 (3):27-30.

[7] 李为真. 费托合成催化剂失活动力学模型的研究进展 [J]. 化工进展,2019,38 (5):288-293.

[8] 孙发民,刘全新,门亚男,等. 工业加氢裂化催化剂失活原因分析 [J]. 工业催化,2016,4:64-66.

[9] 李纲. 固定床镍铝催化剂失活原因分析及解决措施 [J]. 化学工业与工程技术,2020,41 (2):13-17.

[10] 张永华. 合成氨的催化剂中毒及预防 [J]. 云南化工，2010，37（2）：76-80.

[11] 周吉彬，赵建平，张今令，等. 积碳失活催化剂的再生 [J]. 催化学报，2020，41（7）：1048-1061.

[12] 耿乐民. 加氢裂化装置催化剂再生技术探讨 [J]. 炼油与化工，2015，4：23-25.

[13] 谢永军，栗玉霞. 甲醇催化剂中毒原因分析与改进 [J]. 西部煤化工，2006，1：31-31.

[14] 时宇. 生物质热解催化剂失活的研究进展 [J]. 工业催化，2020，28（9）：6-12.

[15] 秦绍东，李加波，何若南，等. 氧化铝负载的钴基费托合成催化剂失活机理 [J]. 煤炭学报，2020，45（4）：40-45.

第12章

负载型金属催化剂的替代

12.1 负载型金属催化剂替代简介

在化工生产和环境保护领域，许多过程涉及金属催化剂，尤其是负载型金属催化剂。由于金属催化剂近来经常遭受金属溶出、活性组分流失等非议，越来越多的研究开始探索在这些过程中使用无金属催化剂，作为金属催化剂的替代品。苯酚是化学工业中的重要中间体，用 O_2 将苯直接羟基化为苯酚是一种制备苯酚的绿色途径，用钒、铜、铁、钯的多金属氧酸盐作为催化剂，但是由于经常使用乙酸水溶液作反应溶剂，金属催化剂面临金属溶出困扰，采用改性的活性炭和 N 掺杂的介孔碳可以实现无金属催化，苯酚的收率分别为 12.5% 和 10.1%。不含金属的硼和碳基催化剂在轻烷烃的氧化脱氢（ODH）中具有重要的基础和实用价值，尤其是硼基催化剂对烯烃具有优异的选择性，可以使 CO_2 排放量最小化，优异的稳定性和高度原子经济性，极有希望代替现有的金属催化剂。

环境恶化和清洁水短缺的危机促使人们探索先进的技术来修复和净化受污染的土壤及水体。以 H_2O_2、过乙酸盐、过一硫酸盐和过二硫酸盐为代表性的氧化剂，由于使用方便、环境友好的特性而被广泛用于水体净化。然而，由于这些物质本身的氧化电位较低，氧化能力有限，因此它们自身能够氧化降解的污染物种类有限、矿化降解的程度也比较有限。因此如果要降解废水中大量存在的持久性有机物，需要活化产生高活性氧物种如羟基自由基（·OH）和硫酸根自由基（$SO_4^- \cdot$）去降解。在众多活化方法中，过渡金属催化剂，尤其是多相负载金属催化剂，是最有效的方法之一。但是金属催化剂在水处理中潜在的毒性使得负载型金属催化剂的应用受到了限制。更致命的是，无论如何改进催化剂的制备方法、精心设计催化剂的结构，都不能完全避免金属离子的浸出，因为在催化剂活化氧化剂产生自由基的过程中发生的电子转移反应能够促进金属活性位点的溶解。当然，还有其他众多的方法来活化氧化剂，例如超声波、紫外线照射和加热，但是这些方法都需要额外提供大量能量，这在某种程度上限制了它们的实际应用。因此，迫切需要开发新的技术来更安全、更高效的活化氧化剂。

　　碳材料，如石墨烯、碳纳米管、纳米金刚石和介孔碳，由于其低成本、高比表面积和环境友好性，已被广泛用于消除废水处理中的各种有机污染物。特别是石墨烯和碳纳米管，由于具有 sp^2 共价碳骨架，被认为是金属催化剂的一种可行替代品。这是因为均匀的 sp^2 共价碳骨架能够促进 π 电子的自由流动，有利于催化过程中电子转移过程的进行。然而，任何事情都具有双面性，正是这种过度均匀的共轭网络使得表面的缺陷较少，从而降低了催化活性，因为非金属催化剂的活性位点一般在边缘、空位、缺陷等处。表面结构的掺杂、修饰可以改变石墨烯和碳纳米管的表面惰性，显著提高催化氧化去除有机污染物的性能。在这些修饰方法中，掺杂杂原子可以调节相邻碳原子的电荷密度来活化惰性碳骨架，从而增强催化剂与氧化剂之间的相互作用，提高反应体系的催化活性。

12.2　负载型金属催化剂替代的研究实例

　　目前在水处理研究中涉及的掺杂元素有氮（N）、硼（B）、磷（P）和硫（S），其中氮元素掺杂是研究最早且应用最为广泛的碳材料掺杂元素。氮掺杂的碳纳米管可以在 10min 内实现 95.6％ 的苯酚去除，而未经掺杂的碳纳米管只能达到 10.7％ 的苯酚去除，并且前者的反应速率是后者的 23.9 倍，这表明氮掺杂的碳材料极大地提高了体系降解有机物的效率。然而，在元素周期表中，硼原子（0.82Å，$1Å = 10^{-10}$ m，下同）的原子半径与碳原子（0.77Å）的原子半径相近，但关于硼掺杂碳材料的研究比较有限。实际上，硼元素具有高硬度、耐腐蚀特性，应该能够提高碳材料的催化活性。

　　本实例选择碳纳米管作为替代金属催化剂的碳材料，硼和氮作为掺杂元素制备碳材料催化剂，将其用于难降解有机废水的处理。重点考察硼掺杂以后碳纳米管的形貌、结构变化以及对催化活性的影响，同时对硼和氮两种元素在催化降解方面的差异进行了比较，对催化活性与反应机制方面的差异进行了深入探索与分析。

12.2.1 负载型金属催化剂替代物的制备过程

使用前，将原始碳纳米管在浓硝酸中浸泡 4h 以去除金属杂质，然后用超纯水反复洗涤。将 1.0g 碳纳米管分散在 50mL 乙醇中，然后加入 1.0g 含掺杂元素的有机物前体，在 60℃下加热 15min 以蒸发乙醇。随后，将混合物在管式炉中焙烧，焙烧时通入 N₂，加热速率 5℃/min。为了区分不同条件下制备的样品，将纯的单壁、双壁和多壁碳纳米管分别表示为 SWNT、DWNT 和 MWNT，相应的硼掺杂碳纳米管分别表示为 B-SWNT、B-DWNT 和 B-MWNT。

12.2.2 负载型金属催化剂替代物的表征

为了清晰观察活性组分的形貌，采用扫描电镜（SEM）和透射电镜（TEM）对催化剂表面进行了观察。掺硼后，碳纳米管的完整管状结构（图 12-1）和空腔（图 12-2）管状结构仍然保留，表明掺硼没有显著改变

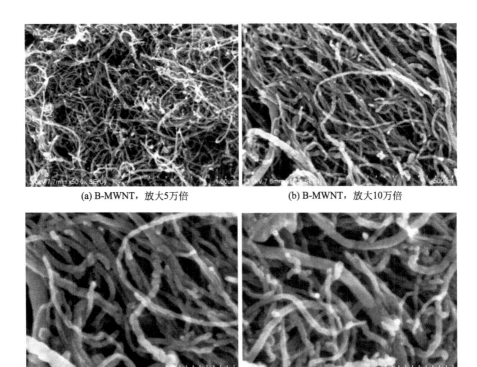

(a) B-MWNT，放大5万倍　　　　　(b) B-MWNT，放大10万倍

(c) B-MWNT，放大20万倍　　　　　(d) MWNT，放大20万倍

图 12-1　负载型金属催化剂的替代物 SEM 图

碳纳米管的外观。由于 X 射线衍射（XRD）也能够反映材料结构的变化，因此对样品进行了 XRD 表征。原始的碳纳米管、硼掺杂碳纳米管和氮掺杂碳纳米管均出现了 3 个特征衍射峰，其中 25.7°的强衍射峰、42.7°的中强衍射峰和 53.1°的弱衍射峰分别来源于碳纳米管石墨碳结构的（002）、（100）和（004）晶面衍射，这说明杂原子掺杂以后确实没有严重破坏碳纳米管的结构，XRD 的表征结果与电镜观察结果是一致的。

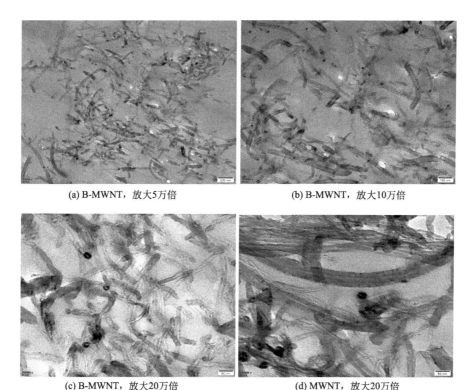

(a) B-MWNT，放大5万倍　　　　　(b) B-MWNT，放大10万倍

(c) B-MWNT，放大20万倍　　　　　(d) MWNT，放大20万倍

图 12-2　负载型金属催化剂的替代物 TEM 图

为了探索内部结构变化，使用拉曼光谱对样品的无序结构和结晶度的变化进行了观察（图 12-3）。光谱图上大约 1343cm^{-1} 处的 D 峰通常归于 sp^2 碳骨架上的非完美结构，如边缘、空位、拓扑缺陷、sp^3 碳、官能团或取代杂原子；1581cm^{-1} 处的 G 峰和 2685cm^{-1} 处的 2D 峰对应于 sp^2 杂化中两个相邻碳原子沿相反方向的运动，这代表了碳纳米管中石墨碳的结晶度。D 带与 G 带的强度比（I_D/I_G）可用于估算碳质材料的结构无序/缺陷程度。在本研究中，硼掺杂后碳纳米管的 I_D/I_G 从 1.05 增加到

1.23，这意味着化学键的断裂和碳骨架的原子结构的无序度增加。

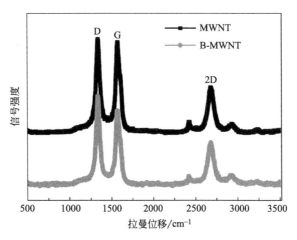

图 12-3　负载型金属催化剂的替代物的拉曼光谱

尽管通过拉曼确认了杂原子掺杂以后碳材料微观化学结构的改变，硼掺杂后的确切化学键至今未知，因此使用 XPS 定性分析了样品表面原子化学组成（图 12-4）。按表面原子比，掺杂的硼占原子总数 0.61%，表明硼的成功掺杂，同时较低的掺杂量也说明硼难以掺杂到碳材料表面。经过掺杂以后，碳骨架上碳原子 C 1s 光谱可以分解为 284.0eV、284.2eV 和 290.5eV 处 3 个峰 ［图 12-4(a)］，分别归于 C-C、C-O 和卫星峰 π-π^*。此外，C 1s 峰显示出轻微的不对称，其主要特征集中在 284.0eV，这再次证

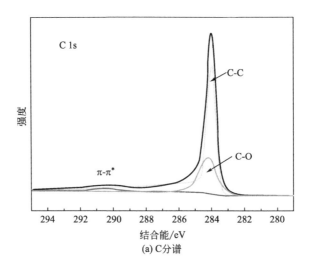

(a) C分谱

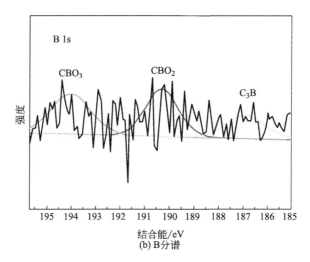

图 12-4 负载型金属催化剂的替代物的 XPS 光谱

实了 sp^2 碳骨架的存在，并与电镜的结果高度一致，即掺杂后 sp^2 碳骨架保持不变。在 B 1s 光谱中［图 12-4(b)］，由于硼掺杂的含量较低，存在大量的背景噪声，在 186.9eV、190.3eV 和 194.0eV 为中心的 3 个峰代表 C_3B、CBO_2 和 CBO_3 物种。

12.2.3 负载型金属催化剂替代物的催化活性

过一硫酸盐（PMS）是过硫酸盐的一种，具有不对称结构（$HO-O-SO_3^-$）和相对较长的 O-O 键。一般而言，未经活化的过硫酸盐对有机物氧化降解能力较低，因此需要催化剂进行活化。从在中性条件下，硼掺杂多壁碳纳米管活化的 PMS 对苯酚的去除率在 60min 内可达到 99.4%，即使在 20min 也能达到 91.4%（图 12-5），表明该催化剂具有令人满意的催化活性。由于研究中使用的碳纳米管是多孔材料，而不是实心球，不能排除催化剂的吸附作用。研究表明吸附过程仅去除了 5.8% 的苯酚，如此微不足道的去除量是不能归于孔结构的。从本质上来讲，研究中使用的多壁碳纳米管孔径大于 10nm，按照多孔材料分类归属于介孔结构。众所周知，当孔径与分子直径匹配时，孔结构对有机物才具有良好的亲和力。在硼掺杂碳纳米管样品中，碳纳米管的孔径为达到 20~30nm，而苯酚分子的大小为 0.54~0.46nm，因此材料的孔径远大于苯酚分子的尺寸，吸附作用非常有限。

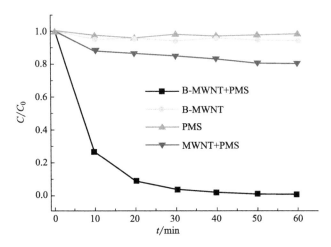

图 12-5   负载型金属催化剂的替代物催化降解苯酚

未经活化的 PMS 对苯酚的氧化去除率较低，实验只观察到 1.7％ 的苯酚去除，因此催化剂对苯酚的去除既不是来源于碳纳米管的吸附，也不是 PMS 自身的氧化能力，因此苯酚的去除可完全归于催化剂对 PMS 的活化作用。尽管如此，为了谨慎起见，仍应考虑催化剂主体碳纳米管可能存在的催化作用。在 60min 内，原始的多壁碳纳米管（MWNT）在 PMS 活化反应中仅去除了 19.9％ 的苯酚。碳纳米管在掺杂前后对苯酚催化去除上的巨大差异表明掺杂以后碳纳米管的活性来源于硼的掺杂。

上述结果表明由于硼的掺杂，碳纳米管活化 PMS 的能力增强，对苯酚的催化去除效果提升，但是这一结果仍需仔细考量后才能确认，因为催化体系对苯酚的去除并不意味着对污染物的矿化降解。大量的研究尤其是涉及高级氧化系统对苯酚的去除研究表明苯酚可能在反应中只是简单的转化为其他有机物如苯醌、氢醌和多酚等，而不是完全矿化为二氧化碳和水，后者可以用总有机碳（TOC）去除率来衡量。经过试验，发现苯酚的 TOC 去除率在 1h 内可以达到 69.4％，而未掺杂的样品在相同条件下仅为 15.9％，表明苯酚几乎被完全破坏并被矿化。

12.2.4   制备条件对催化活性的影响

碳纳米管是掺杂的物质基础，因此碳纳米管的结构可能对催化活性产生重要影响。采用不同壁厚和直径的单壁、双壁和多壁碳纳米管进行研究可以看出（图 12-6），在 3 种壁厚的碳纳米管中，硼掺杂单壁碳纳米管

（B-SWNT）苯酚去除性能最差，在 60min 内去除了大约 63.6% 的苯酚。当使用硼掺杂双壁碳纳米管（B-DWNT 时）时，苯酚去除率出现了惊人的提升，高达 98.0%。当壁厚进一步增加时，多壁碳纳米管（B-MWNT 时）表现出最高的催化效果，20 分钟内苯酚去除率达到 96.3%。考虑到 3 种类型的碳纳米管的比表面积的差异，研究了吸附的影响。显而易见，B-SWNT 的吸附去除最快，在相同条件下为 43.5%，其催化去除和吸附去除之间的微小差距表明 B-SWNT 的催化作用有限。这可能是由于单壁碳纳米管具有相对较高的表面能，容易团聚，导致暴露于在外的面积减少，从而降低了催化活性。此外，单壁碳纳米管的电子性质在很大程度上取决于手性，难以调整，导致较低的催化活性。相比之下，双壁碳纳米管和多壁碳纳米管对苯酚的吸附去除率不超过 15%，表明大部分苯酚的去除归因于催化作用，这是由于双壁碳纳米管和多壁碳纳米管的合适的孔道有利于苯酚的迁移。从催化活性和成本考虑，选择多壁碳纳米管作为掺杂对象较为适宜。

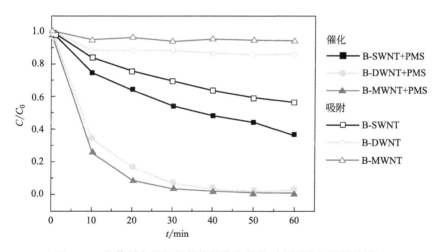

图 12-6　负载型金属催化剂的替代物结构对苯酚催化降解的影响

　　在本研究中，硼的掺杂是通过对碳纳米管和硼酸进行焙烧来实现的，前体的类型和含量可能对催化效果有相对明显的影响。以硼酸、苯二硼酸、三甲基环三硼氧烷、四硼酸钠和五硼酸铵为前体，考察前体中硼原子数目对催化活性的影响（图 12-7）。当所有前体保持相同的摩尔时，具有 2 个硼原子的苯二硼酸获得了最高的催化去除率，且远远超过使用硼酸作为前体的去除率，这表明适当增加前体中的硼原子数可以提高催化活性。

进一步将 B 原子的数量分别增加到 3 个、4 个和 5 个之后，三甲基环三硼氧烷、四硼酸钠和五硼酸铵硼酸作为前体制备的催化剂活性大大降低，而且彼此催化效果接近，这意味着在碳材料上掺杂硼原子存在掺杂上限，过度掺杂似乎会严重破坏碳纳米管的 sp^2 结构。为了验证这一假设，进行了另一个相关实验，以硼酸为前体，逐渐增加其用量，结果表明苯酚的去除逐渐降低（图 12-8）。上述信息表明过量的前体不利于硼掺杂，因为过量的边缘、缺陷和掺杂剂会削弱催化活性。此外，在碳骨架中引入太多的取代杂原子也会削弱碳纳米管中 π 键结构的共轭性，加速碳纳米管中 sp^2 结构向 sp^3 结构的转化，不利于电子的转移。

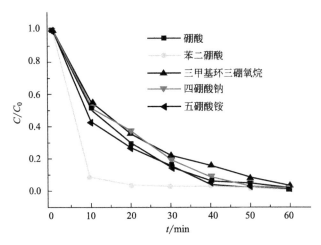

图 12-7　负载型金属催化剂的替代物前体类型对苯酚催化降解的影响

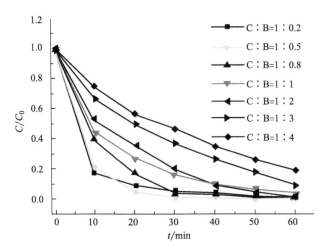

图 12-8　负载型金属催化剂的替代物前体含量对苯酚催化降解的影响

在掺杂碳纳米管的制备中，焙烧是一个重要的步骤，因此焙烧温度可能成为影响催化活性的一个重要因素。随着温度从 300℃ 升高到 800℃，苯酚的去除逐渐增加（图 12-9）。高温可能有助于石墨化效应，有利于 π 电子转移。此外，热处理使部分酸性含氧基团丧失形成缺陷位点和路易斯碱性位点，从而可以作为活化 PMS 的活性位点。然而，当焙烧温度超过 800℃ 并达到 900℃ 时，催化活性急剧下降。这可能是由于在过高温度下掺杂硼的严重损失和碳骨架的崩溃造成。

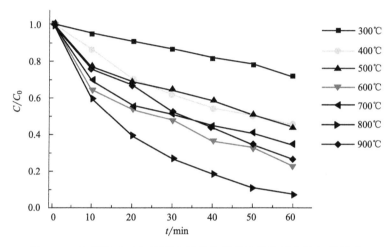

图 12-9 焙烧温度对负载型金属催化剂的替代物催化降解的影响

在制备过程中，前体的残留物可能会阻碍活性位点，从而影响催化效果。将焙烧所得样品用超纯水洗涤至中性，用这种方法处理的催化剂可获得最佳催化性能（图 12-10）。当用沸水、无水乙醇和乙醇水溶液（体积比为 1：1）洗涤催化剂时，催化剂的活性显著下降，这可能是由于上述后处理方法破坏了掺杂碳纳米管的结构，导致苯酚降解的催化活性降低。

12.2.5 反应条件对催化活性的影响

反应温度是影响废水处理效果的重要因素，能源投入极大影响废水处理的成本，作为一种新兴的高级氧化技术催化剂，考察了反应过程中温度对硼和氮掺杂碳纳米管催化活性的影响。硼掺杂碳纳米管在 5℃、15℃、25℃、35℃ 和 45℃ 时，一级动力学常数分别为 0.0747min^{-1}、0.0824min^{-1}、0.1271min^{-1}、0.1524min^{-1} 和 0.1652min^{-1}，而氮掺杂碳纳米管在对应温度下的一级动力学常数分别为 0.0720min^{-1}、0.0973min^{-1}、

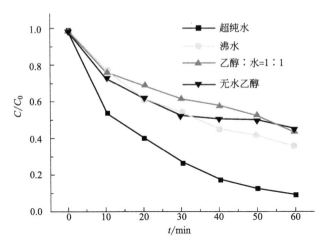

图 12-10　后处理方式对负载型金属催化剂的替代物催化降解的影响

$0.1253min^{-1}$、$0.1486min^{-1}$ 和 $0.1694min^{-1}$。两种元素掺杂的催化剂的一级动力学常数都随着温度的升高而增加，表明温度升高有利于催化反应的进行。

反应 pH 值是影响催化降解反应的另一个重要因素，在 pH 3～11 的范围内，硼掺杂碳纳米管对苯酚都具有良好的催化去除效果，在 1h 内均可达到 93.6% 以上；而氮掺杂碳纳米管也在此 pH 值范围内具有良好的催化去除效果，在 1h 内均可达到 99.4% 的去除率。这一结果表明硼和氮掺杂的碳材料都适于在较宽的 pH 值范围内工作，这对不同 pH 值废水进行水处理是非常有利的。进一步在 pH 值为 3、5、7、9 和 11 时计算了两种元素掺杂催化剂反应时的一级动力学常数，硼掺杂催化剂分别为 $0.0460min^{-1}$、$0.0473min^{-1}$、$0.0458min^{-1}$、$0.0465min^{-1}$ 和 $0.0671min^{-1}$，而氮掺杂催化剂分别为 $0.0945min^{-1}$、$0.0905min^{-1}$、$0.1305min^{-1}$、$0.1093min^{-1}$、$0.1677min^{-1}$，氮掺杂催化剂的一级动力学常数在各 pH 值下几乎是硼掺杂催化剂的 2 倍，表明氮掺杂催化剂活化 PMS 降解苯酚的速率更快。

在非均相反应中，当活性位点数目恒定时，氧化剂和活性位点之间存在最佳比例。当 PMS 浓度从 1mmol/L 增加到 3mmol/L 时，苯酚的去除率从 53.1% 增加到 88.1%（图 12-11）。这是因为，当 PMS 不足时，氧化效率低；但是当 PMS 的量增加时，通过电子转移过程，苯酚会被吸附在碳纳米管表面的 PMS 活化并迅速氧化。当然，过量的 PMS 会在催化剂表面上相互竞争，生成无机离子，这也会降低催化活性。

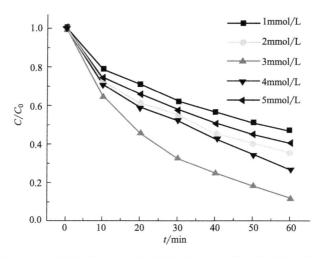

图 12-11　氧化剂浓度对负载型金属催化剂的替代物催化的影响

12.2.6　活性氧物种的鉴定

在氮掺杂的碳纳米管反应体系中有许多活性氧物种，如 $\cdot OH$、$SO_4^- \cdot$、$O_2^- \cdot$ 和 $^1O_2$，但在硼掺杂的碳纳米管催化体系中尚未被证实。为了鉴定硼掺杂多壁碳纳米管活化 PMS 体系中的活性氧物种，用甲醇、叔丁醇（TBA）和对苯醌（PBQ）作为化学抑制剂进行了猝灭试验（图 12-12）。甲醇通常用于淬灭 $\cdot OH$ 和 SO_4^- $\cdot$，因为它与 $\cdot OH$（$9.7 \times 10^8 L \cdot mol^{-1} \cdot s^{-1}$）和 $SO_4^- \cdot$（$2.5 \times 10^7 L \cdot mol^{-1} \cdot s^{-1}$）的反应速率常数很高。叔丁醇在活化过程中能迅速与 $\cdot OH$ 反应 $[(3.8 \sim 7.6) \times 10^8 L \cdot mol^{-1} \cdot s^{-1}]$ 反应，而与 $SO_4^- \cdot$ 的反应速率要低得多 $[(4.0 \sim 9.1) \times 10^5 L \cdot mol^{-1} \cdot s^{-1}]$。当甲醇在中性条件下加入反应体系时，苯酚的降解效率从 99.4% 下降到 66.7%，表明体系中可能同时存在 $\cdot OH$ 和 $SO_4^- \cdot$。加入叔丁醇后，苯酚的降解率从 99.4% 下降到 65.3%，与加入甲醇的结果非常接近，验证了 $\cdot OH$ 的存在。此外，当加入对苯醌（O_2^- 的清除剂）时，苯酚降解率逐渐降低到 72.2%，显示存在 $O_2^- \cdot$。NaN_3、FFA 和 L-组氨酸通常用作 $^1O_2$ 清除剂。部分研究认为，NaN_3 和 FFA 也可以与 $SO_4^- \cdot$（$K_{NaN_3} = 1.2 \times 10^{10} L \cdot mol^{-1} \cdot s^{-1}$）和 $\cdot OH$ 反应（$K_{NaN_3} = 2.5 \times 10^9 L \cdot mol^{-1} \cdot s^{-1}$，$K_{FFA} = 1.5 \times 10^{10} L \cdot mol^{-1} \cdot s^{-1}$）。因此，本研究选择 L-组氨酸作为 $^1O_2$ 清除剂。随着 L-组氨酸的引入，苯酚降解率降至 83.0%，表明 $^1O_2$ 是苯酚降解的部分原因。

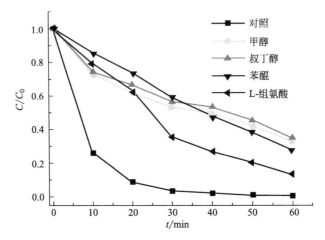

图 12-12　化学抑制剂鉴定负载型金属催化剂替代物反应体系中自由基

为了给活性氧物种的存在提供可靠的光谱证据，采用电子顺磁共振自旋捕获技术，用 5,5-二甲基-1-吡咯啉氮氧化物（DMPO）或 2,2,6,6-四甲基哌啶（TEMP）作为自旋捕获剂（图 12-13）。在使用 DMPO 作为自旋捕获剂时，典型的 DMPO-SO_4^- ·加合物光谱和 DMPO-·OH 加合物同时出现，验证了·OH 和 SO_4^- ·的生成。此外，当 DMPO 加入系统时，DM-PO-O_2^- ·的特征光谱出现，并且在相同的反应条件下显示出比 DMPO-·OH 更弱的信号，表明可能存在少量 O_2^- ·。在使用 TEMP 作为自旋捕获剂时，出现了具有相同强度的代表性三重电子顺磁共振谱，对应于在硼掺杂多壁碳纳米管活化 PMS 体系中出现的 $^1O_2$，证实了 $^1O_2$ 的存在。

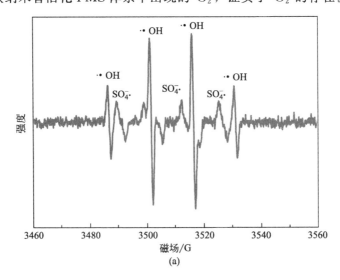

(a)

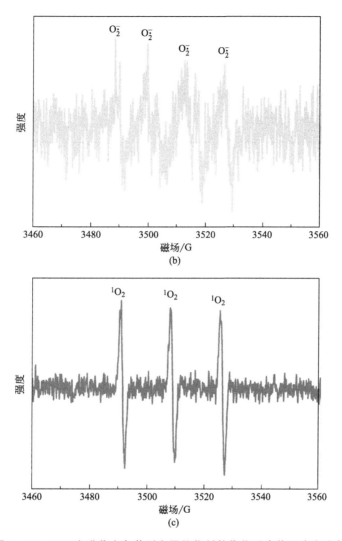

图 12-13 EPR 光谱鉴定负载型金属催化剂替代物反应体系中自由基

上述结果表明，在中性条件下，硼掺杂多壁碳纳米管活化 PMS 可产生·OH、SO_4^-·、O_2^-·和$^1O_2$。这不仅证实了降解苯酚的自由基途径，而且证实了非自由基过程的存在。尽管如此，当 PMS 被吸附在碳材料表面时，碳材料和 PMS 通过电子转移机制可能会形成其他高活性物种，而不是刚刚提到的任何一种活性氧物种。采用原位拉曼技术，发现在单纯 PMS 体系中出现了 $882.8cm^{-1}$、$981.5cm^{-1}$ 和 $1063.3cm^{-1}$ 吸收峰（图 12-14），这属于 PMS 分解形成的 HSO_5^- 和 SO_4^{2-}。在 PMS 溶液中加入 B-MWNT 后，除了 B-MWNT 固有的 D 峰、G 峰和 2D 峰外，其他几个峰的位置与 PMS 样品的峰位置接近，但 HSO_5^- 峰的强度大大降低，SO_4^{2-} 峰的强度增加，表明 PMS 由于 B-MWNT 的活化而分解并释放出 SO_4^{2-}。此外，与单纯 PMS 体系相比，硼掺杂多壁碳纳米管活化 PMS 体系中 HSO_5^- 在 $1063.3cm^{-1}$ 处的峰发生分裂，这意味着其他新型活性氧物种如 B-MWNT-PMS* 的产生。

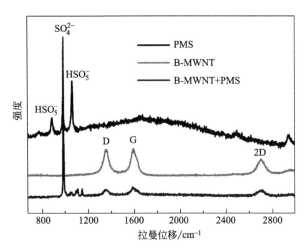

图 12-14　负载型金属催化剂替代物催化体系的原位拉曼光谱

12.2.7　反应体系的适用性

过硫酸盐反应是一种很有前途的高级氧化反应，因此其应用的范围受到越来越多的关注。过硫酸盐的一个优点是它可以在中性条件下降解污染物，但部分研究所制备的碳材料催化剂活化的 PMS 的活性相对较低。因此，硼掺杂碳纳米管体系催化活性受酸碱度影响的研究值得探讨。在 3.0～9.0 的 pH 值范围内，催化活性只发生了微小的波动，降解曲线几乎完全重合（图 12-15），表明硼掺杂多壁碳纳米管体系适用的 pH 非常广泛，具有良好的应用潜力。虽然 PMS 在 pH 值小于 6.0 时比较稳定，而在 pH 值为 7.0 和 8.0 时经常分解为 SO_5^{2-}。但是本研究的结果表明：在 pH 值为 3.0～9.0 范围内，催化活性没有受到影响；pH 值超过 9.0，观察到苯酚去除显著增加，这是因为 PMS 在强碱性条件下（pH≥10）发生了碱活化。

过硫酸盐高级氧化以其强氧化能力而闻名，可以降解甚至完全矿化各种有机污染物，包括典型的污染物苯酚。然而，有研究表明一元酚、醌和半醌基团能够引起 PMS 活化，产生·OH 和 SO_4^-·。这意味着苯酚在碳

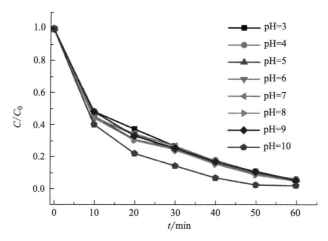

图 12-15　pH 值对负载型金属催化剂替代物催化降解的影响

纳米管活化反应中可能具有底物特异性效应，因为碳纳米管骨架边缘经常存在一些含氧基团，具有类似半醌结构。为了进一步探索硼掺杂碳纳米管活化体系的应用范围，选择了不同的有机分子作为模型污染物进行了降解实验（图 12-16）。当使用染料亚甲基蓝、化妆品添加剂双酚 S 和农药敌草隆时，它们都在 60min 内快速去除，证明了体系的有效性。尽管如此，这些难降解有机污染物在相同条件下的去除率并不相同，表明降解效果与有机底物的性质有关，这可能源于有机底物的电荷密度受到有机分子结构特征的影响。

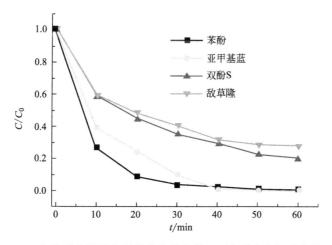

图 12-16　负载型金属催化剂替代物催化体系对各种有机污染物的降解

　　虽然本研究主要考察了硼碳纳米管对 PMS 的活化，但是其他氧化剂过二硫酸盐（PDS）和过氧化氢（H_2O_2）也可能被激活，因为它们有相似的化学键结构。PMS、PDS 和 H_2O_2 在分子结构中都有 O-O 键，PMS 和 PDS 可以看作 H_2O_2 的 1 个氢原子和 2 个氢原子分别被 1 个 SO_3^- 基团和 2 个 SO_3^- 基团取代。当 PDS 用作氧化剂并被硼掺杂多壁碳纳米管活化时，苯酚的去除率为 89.6%，但仍低于相同条件下活化 PMS 的去除率（图 12-17）。催化效果的不同可归因于它们的结构和性质的不同。PMS 是不对称的，而 PDS 是对称的，O-O 键键能为 140kJ/mol，PDS 中的两个 SO_3^- 基团由于空间位阻而更难以到达催化剂表面的活性位点。当 H_2O_2 用作氧化剂时，只有 22.2% 的苯酚去除率，这是因为 H_2O_2 中 O-O 的键能为 213kJ/mol，远高于 PMS 和 PDS 中相应键的键能。

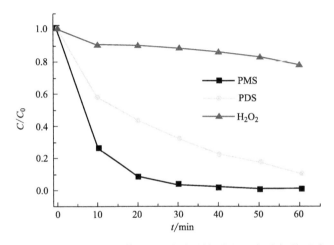

图 12-17 氧化剂对负载型金属催化剂替代物催化降解的影响

虽然 B-MWNT/PMS 体系的催化活性已得到充分证实，但作为一种典型的氧化反应，过硫酸盐催化反应需要稳定的氧化剂供应来完成污染物的降解，应考虑氧化剂的成本和利用效率。参考类芬顿反应中氧化剂利用率的计算方法，过硫酸盐氧化剂的利用率可表示为：

$$氧化剂利用率 = \Delta\,[氧化剂]_{降解} / \Delta\,[氧化剂]_{分解}$$

在该表达式中，用于降解的氧化剂部分由 TOC 去除率和污染物完全矿化所需的氧化剂的理论摩尔量计算，分解的氧化剂部分根据反应前后氧化剂的浓度差计算。由于在 1h 反应时间内总有机碳的去除率为 69.4%，氧化剂的利用率计算为 57.7%。虽然上述方法可以用来计算氧化剂的利用率，但用于降解的那部分氧化剂只含有完全矿化所需的氧化剂的量，不包括被氧化降解为小分子酸等其他有机物的污染物的量。此外，因为添加的氧化剂不能被回收和再利用，所以这种基于反应中消耗的氧化剂而不是氧化剂总量的表达式是不准确的，需要进一步改进。

12.2.8 负载型金属催化剂替代物的作用机理

碳纳米管是由 sp^2 碳骨架构成，具有大的比表面积和高电导率，但由于活性位点较少，碳纳米管在反应时显示一定惰性。杂原子掺杂可以改变碳纳米管的表面结构，产生更多的活性位点，从而提高催化活性。N 和 B 原子由于原子半径相近，所以 N 和 C 原子半径的微小差异，并不会导致掺杂 N 原子时对碳纳米管的结构造成严重损坏。一些报道表明，氮掺杂的碳纳米管具有良好的催化性能，甚至可与过渡金属催化剂如 Co_3O_4 和 $CuCo@MnO_2$ 相媲美。在本研究中，硼掺杂碳纳米管在 3～10 的 pH 值范围内对苯酚的去除取得了良好的催化效果，对亚甲基蓝、双酚 S 和敌草隆也取得了令人满意的去除效果，催化活性接近氮掺杂催化剂甚至优于其他负载型金属催化剂（表 12-1）。

表 12-1 过硫酸盐体系中多相催化剂对苯酚的催化降解

催化剂	氧化剂	苯酚	pH 值	时间/s	去除率/%
氮修饰碳纳米管	PMS	20mg/L	6.5	45	100
氮掺杂碳纳米管	PMS	0.106mmol/L	7	20	100
氮掺杂单壁碳纳米管	PMS	20mg/L	≈7	20	100
氮掺杂三维石墨烯凝胶	PDS	20mg/L	≈7	30	100
氮掺杂石墨烯	PDS	20mg/L	≈7	180	76
棒状 Co_3O_4	PDS	50mg/L	11	240	96.6
CoMgAL-LDH	PMS	0.1mmol/L	6	80	100
$CuO\text{-}Co_3O_4@MnO_2$	PMS	30mg/L	7	100	100
$CoFe_2O_4$	PDS	50mg/L	4.32	120	50
$CeVO_4$	PMS	100mg/L	6	80	100
Mn_3O_4	PMS	20mg/L	6.8	60	100
$SrCoO_3$	PMS	20mg/L	<7	180	100
Cu-ferrite	PDS	0.21mmol/L	4.5～9.5	90	100
硼掺杂多壁碳纳米管	PMS	10mg/L	3～10	60	>93.6

虽然较小的硼原子可以很容易地结合到纳米碳晶格中，并诱导硼掺杂剂附近的碳缺陷的形成，并且电子结构的重新配置也实现了类似于氮掺杂

的效果，但是从表 12-1 可以看出，硼掺杂的碳纳米管的效果似乎略差于氮掺杂的碳纳米管，这可能与掺杂后形成的化学键有关。众所周知，碳纳米管中氮原子的引入可以导致三种主要的氮形式，包括石墨氮、吡啶氮和吡咯氮结构。石墨氮是指掺杂的氮原子结合成六边形环，吡啶氮和吡咯氮分别提供 1 个和 2 个 p 电子，形成 sp^2 和 sp^3 杂化键。在本研究制备的硼掺杂碳纳米管中，均观察到了 C_3B、BCO_2 和 BCO_3 物种。其中，C_3B 代表六边形环或六边形环中一个被硼原子取代的碳原子；BCO_2 结构是指一个硼原子连接到一个边缘或有缺陷的碳原子上；BCO_3 代表一个由硼原子、多个碳原子和氧原子形成的六边形环。氮和硼掺杂后碳纳米管表面活性催化位点的示意如图 12-18 所示。很明显，硼原子优先占据碳纳米管的边缘位置，可能的原因是杂原子诱导的应变在这种情况下可以最小化。因此，可以推断，这种结构的多重取代很难发生，因为当掺杂元素前体的量增加时，硼原子之间发生相互排斥作用。前体中过量的硼原子和过量的前体能够降低催化活性，这与研究结果高度一致。

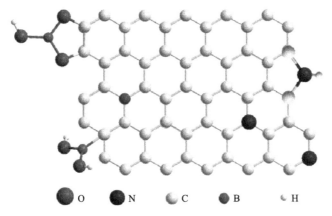

图 12-18 氮和硼掺杂负载型金属催化剂替代物后催化活性位点示意

杂原子掺杂后的结构表明氮掺杂易于在碳骨架中形成高活性的吡啶氮和石墨氮。硼掺杂在碳骨架的边缘形成了 CBO_2 和 CBO_3，这可能导致 B 掺杂碳纳米管的活性低于 N 掺杂碳纳米管。通过测试各种含硼元素的物质，以排除可能存在的其他化学键。在这项研究中，无定形硼、晶体硼、硼酸、氧化硼和碳化硼在中性条件下对苯酚的去除率不超过 14% （图 12-19），表明硼掺杂碳纳米管的催化活性并非来自简单的硼-硼、硼-氧和硼-碳键的形成。

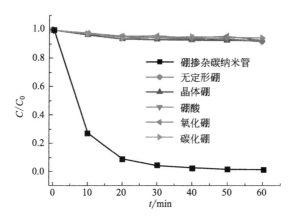

图 12-19　各种含硼元素和化合物对负载型金属催化剂替代物催化降解的影响

上述结果表明，硼原子可以通过改变相邻碳原子的电荷密度和增加缺陷边缘来活化惰性碳骨架，从而形成许多新的催化活性中心。鉴定实验表明，体系中检测到的活性氧物种包括自由基类物质如 $\cdot OH$、$SO_4^- \cdot$、$\cdot O_2^-$ 和非自由基类物质如 $^1O_2$ 和 B-MWNT-PMS*。众所周知，$\cdot OH$、$SO_4^- \cdot$ 和 $\cdot O_2^-$ 来自催化剂活化时 PMS 中 O-O 键的裂解。B-MWNT-PMS* 的出现意味着 PMS 可以通过电子转移而不是产生自由基来攻击有机物。在此过程中，PMS 首先与硼掺杂碳纳米管相互作用，形成新型活性氧物种 B-MWNT-PMS*。由于部分电子从硼掺杂碳纳米管转移到 PMS，这可能会提高催化剂的氧化电位。然后，B-MWNT-PMS* 配合物通过石墨碳骨架的共轭 π 体系直接从催化剂表面吸附的苯酚中提取一个电子。因此，在反应过程中，硼掺杂碳纳米管起到了导体的作用，加速了吸附的苯酚向活化的碳纳米管的电子转移。

12.2.9　负载型金属催化剂替代物作用机制差异

通过掺杂硼和氮，碳材料表面的活性位点数有所不同，其具体的作用机理也可能有所差别。硼掺杂在活性位点处形成 BC_3、BC-O（BC_2O，BCO_2）和 B-O 等微观化学结构，而氮掺杂形成吡啶氮、吡咯氮和石墨氮三种常见的氮结构。虽然硼掺杂活性位点官能团与氮掺杂形成的官能团类型并不一致，但是在碳纳米管和前体质量比均为 1：1 条件下，硼掺杂碳纳米管的催化活性略低于氮掺杂碳纳米管，而达到相近催化效果所需要硼的前体的量明显小于氮前体的量，这一结果表明位于碳元素左边的硼元素与位于碳元素右边的氮元素相比在碳材料表面的掺杂较为困难，但是掺杂形成的活性位点更具有催化活性。

除了活性位点的位置和类型，碳材料本身与初始氧化剂 PMS 的作用可能也可以引起苯酚降解差异。本研究所采用碳材料为碳纳米管，在经过硼和氮掺杂以后碳纳米管对苯酚的吸附量并没有明显增加（图 12-20），这表明硼和氮的掺杂并不会影响碳材料对苯酚的吸附作用。而根据文献报道，氮掺杂碳材料催化活性提升的本质原因可能是材料表面对 PMS 吸附的增加，使得活性位点的氧化电位提高，从而增强了对目标污染物的催化降解。研究证实了经过氮掺杂以后，碳纳米管对 PMS 的吸附量明显增加，而硼掺杂以后则对 PMS 的吸附量没有明显改善（图 12-21），这也可能是硼掺杂碳纳米管对有机物去除效果略低于氮掺杂碳纳米管的原因之一。

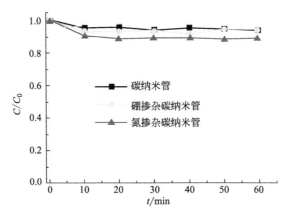

图 12-20　负载型金属催化剂替代物掺杂前后对污染物的吸附

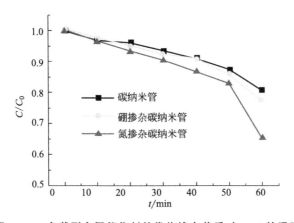

图 12-21　负载型金属催化剂替代物掺杂前后对 PMS 的吸附

参考文献

[1] Yang Q, Chen Y, Duan X, et al. Unzipping carbon nanotubes to nanoribbons for revealing the mechanism of nonradical oxidation by carbocatalysis [J]. Applied Catalysis B-Environmental, 2020, 276: 119146.

[2] Ren W, Nie G, Zhou P, et al. The intrinsic nature of persulfate activation and N-doping in carbocatalysis [J]. Environmental Science & Technology, 2020, 54 (10): 6438-6447.

[3] Ren X, Guo H, Feng J, et al. Synergic mechanism of adsorption and metal-free catalysis for phenol degradation by N-doped graphene aerogel [J]. Chemosphere, 2018, 191: 389-399.

[4] Zhang J, Su D S, Blume R, et al. Surface chemistry and catalytic reactivity of a nanodiamond in the steam-free dehydrogenation of ethylbenzene [J]. Angewandte Chemie International Edition, 2010, 49 (46): 8640-8644.

[5] Hu P, Su H, Chen Z, et al. Selective degradation of organic pollutants using an efficient metal-free catalyst derived from carbonized polypyrrole via peroxymonosulfate activation [J]. Environmental Science & Technology, 2017, 51 (19): 11288-11296.

[6] Sheng J, Yan B, Lu W-D, et al. Oxidative dehydrogenation of light alkanes to olefins on metal-free catalysts [J]. Chemical Society reviews, 2021, 50 (2): 1438-1468.

[7] Duan X, Ao Z, Zhou L, et al. Occurrence of radical and nonradical pathways from carbocatalysts for aqueous and nonaqueous catalytic oxidation [J]. Applied Catalysis B-environmental, 2016, 188: 98-105.

[8] Wang S, Xu L, Wang J. Nitrogen-doped graphene as peroxymonosulfate activator and electron transfer mediator for the enhanced degradation of sulfamethoxazole [J]. Chemical Engineering Journal, 2019, 375: 122041.

[9] Gao Y, Chen Z, Zhu Y, et al. New insights into the generation of singlet oxygen in the metal-free peroxymonosulfate activation process- Important role of electron-deficient carbon atoms [J]. Environmental Science & Technology, 2020, 54 (2): 1232-1241.

[10] Duan X, Sun H, Wang Y, et al. N-doping-induced nonradical reaction on single-walled carbon nanotubes for catalytic phenol oxidation [J]. ACS Catalysis, 2015, 5 (2): 553-559.

[11] Ho S H, Chen Y, Li R, et al. N-doped graphitic biochars from C-phycocyanin extracted Spirulina residue for catalytic persulfate activation toward nonradical disinfection and organic oxidation [J]. Water Research, 2019, 159: 77-86.

[12] Yu J, Feng H, Tang L, et al. Metal-free carbon materials for persulfate-based advanced oxidation process: Microstructure, property and tailoring [J]. Progress in Materials Science, 2020, 111: 100654.

[13] Fang G, Zhu C, Dionysiou D D, et al. Mechanism of hydroxyl radical generation from biochar suspensions: Implications to diethyl phthalate degradation [J]. Bioresource Technology, 2015, 176: 210-217.

［14］ Ren W，Xiong L，Nie G，et al. Insights into the electron-transfer regime of peroxydisulfate activation on carbon nanotubes: The role of oxygen functional groups ［J］. Environmental Science & Technology，2020，54 (2): 1267-1275.

［15］ Chen X，Duan X，Oh W，et al. Insights into nitrogen and boron-co-doped graphene toward high-performance peroxymonosulfate activation: Maneuverable N-B bonding configurations and oxidation pathways ［J］. Applied Catalysis B-environmental，2019，253: 419-432.

［16］ Duan X，Ao Z，Sun H，et al. Insights into N-doping in single-walled carbon nanotubes for enhanced activation of superoxides: a mechanistic study ［J］. Chemical Communications，2015，51 (83): 15249-15252.

［17］ Wang Y，Liu M，Zhao X，et al. Insights into heterogeneous catalysis of peroxymonosulfate activation by boron-doped ordered mesoporous carbon ［J］. Carbon，2018，135: 238-247.

［18］ Shao P，Duan X，Xu J，et al. Heterogeneous activation of peroxymonosulfate by amorphous boron for degradation of bisphenol S ［J］. Journal of Hazardous Materials，2017，322: 532-539.

［19］ Chen X，Oh W，Lim T. Graphene- and CNTs-based carbocatalysts in persulfates activation: Material design and catalytic mechanisms ［J］. Chemical Engineering Journal，2018，354: 941-976.

［20］ Yun E T，Yoo H Y，Bae H，et al. Exploring the role of persulfate in the activation process: Radical precursor versus electron acceptor ［J］. Environmental Science & Technology，2017，51 (17): 10090-10099.

［21］ Jana D，Sun C，Chen L，et al. Effect of chemical doping of boron and nitrogen on the electronic，optical，and electrochemical properties of carbon nanotubes ［J］. Progress in Materials Science，2013，58 (5): 565-635.

［22］ Pan X，Chen J，Wu N，et al. Degradation of aqueous 2，4，4'-Trihydroxybenzophenone by persulfate activated with nitrogen doped carbonaceous materials and the formation of dimer products ［J］. Water Research，2018，143: 176-187.

［23］ Chen J，Zhang L，Huang T，et al. Decolorization of azo dye by peroxymonosulfate activated by carbon nanotube: Radical versus non-radical mechanism ［J］. Journal of Hazardous Materials，2016，320: 571-580.

［24］ Hou J，Xu L，Han Y，et al. Deactivation and regeneration of carbon nanotubes and nitrogen-doped carbon nanotubes in catalytic peroxymonosulfate activation for phenol degradation: variation of surface functionalities ［J］. RSC Advances，2019，9 (2): 974-983.

［25］ Zhu S，Huang X，Ma F，et al. Catalytic removal of aqueous contaminants on N-doped graphitic biochars: inherent roles of adsorption and nonradical mechanisms ［J］. Environmental Science & Technology，2018，52 (15): 8649-8658.

［26］ Sun H，Kwan C，Suvorova A，et al. Catalytic oxidation of organic pollutants on pristine and surface nitrogen-modified carbon nanotubes with sulfate radicals ［J］. Applied Catalysis B-Environmental，2014，154：134-141.

[27] Liang P，Zhang C，Duan X，et al. An insight into metal organic framework derived N-doped graphene for the oxidative degradation of persistent contaminants：formation mechanism and generation of singlet oxygen from peroxymonosulfate [J]. Environmental Science Nano，2017，4 (2)：315-324.

[28] Lee H，Kim H I，Weon S，et al. Activation of persulfates by graphitized nanodiamonds for removal of organic compounds [J]. Environmental Science & Technology，2016，50 (18)：10134-10142.

[29] Ren W，Xiong L，Yuan X，et al. Activation of peroxydisulfate on carbon nanotubes：Electron-transfer mechanism [J]. Environmental Science & Technology，2019，53 (24)：14595-14603.